培养自己的风度

张海洋·编著

吉林文史出版社

图书在版编目（CIP）数据

培养自己的风度 / 张海洋编著. —长春：
吉林文史出版社，2017.5
ISBN 978-7-5472-4407-4

Ⅰ.①培… Ⅱ.①张… Ⅲ.①个人—修养—青少年读
物 Ⅳ.①B825-49

中国版本图书馆CIP数据核字（2017）第140200号

培养自己的风度
Peiyang Ziji De Fengdu

编　　著：张海洋
责任编辑：李相梅
责任校对：赵丹瑜
出版发行：吉林文史出版社（长春市人民大街4646号）
印　　刷：永清县晔盛亚胶印有限公司印刷
开　　本：720mm×1000mm　1/16
印　　张：12
字　　数：129千字
标准书号：ISBN 978-7-5472-4407-4
版　　次：2017年10月第1版
印　　次：2017年10月第1次
定　　价：35.80元

目 录
CONTENTS

战胜爆炸魔

在许多年前的英国，工人们在矿洞挖矿的时候，由于矿井很黑很冷，他们便用蜡烛照明。在矿井里弥漫着一种叫做"甲烷"，也叫做瓦斯的可怕气体，这种气体遇到火光就会发生大爆炸，非常危险。虽然人们已经十分小心避免这种危险发生，但是矿井中还是时时发生爆炸，人们惧怕地称这种气体是"地狱来的爆炸恶魔"。为此，英国皇家科学院的科学家大卫下定决心要给下矿井采矿的工人们发明一种安全的照明设备。

为了这项发明创造，大卫和工人们一起下井挖矿，近距离实地观察，确认爆炸是由瓦斯引起之后，他回到实验室，开始边做实验边思考，怎样才能不点燃瓦斯呢？

首先，为了不使气体与灯接触，必须使灯与外面的环境分隔开，这样就不会引起爆炸。

可是，因为火的燃烧需要氧气助燃，那么设计一款能让氧气进入的灯罩就是必需的。大卫实验了一次又一次，他试了很多种材料，没一种是他满意的。有一天，他在去往实验室的路上，看到一根正冒着滚滚浓烟的烟筒。他想到："我能不能设计一种可以让氧气进入，又能把二氧化碳排出的灯罩呢？"他兴冲冲地来到实验室，验证自己的想法是否可行。他先做了一个铜丝网，并把铜丝网罩在灯火的外面，他成功了，由于金属罩子与外界接触的温度低于瓦斯的着火点，瓦斯也就不会轻易"爆发"它那可怕的脾气了。

　　灯完成以后，大卫兴冲冲地拿去矿场实验，结果大受好评！试用过这款灯的工人们兴奋地把大卫高高地抛起，以感谢他们的英雄。后来大卫又改进了这款灯，他在火苗的周围装上了玻璃罩子，这样，矿洞里的风也不容易把灯吹灭。这款不怕风、又明亮、又安全的矿灯终于在1815年开始广为人知。

　　大卫战胜"爆炸恶魔"，凭借的不是电影中经常出现的魔法或者中国功夫。他靠的是自己的头脑、与众不同的创新思维。也许我们的兴趣不是成为大卫那样的发明家，但是如果拥有与别人不一样的眼光、超于众人的创新能力，那么你绝对会是众人中最受欢迎的。

小男孩的胜利

20世纪，在美国佛罗里达州的一个小镇，每当火车到站时，总有一群孩子围在车窗前叫卖爆米花。他们都是附近学校的小学生，利用课余时间赚些零用钱。

有一个10岁的小男孩也加入了这一行列，但是他很瘦小，火车来时，他总是不能第一个抢到窗口位置。于是，他就在自己卖的爆米花上动脑筋，他往爆米花里掺入奶油和盐，使爆米花的味道更加可口，还提高了售价！结果他的爆米花虽然卖的数量不如其他任何小孩，但赚得比其他小孩更多。因为他懂得如何比别人做得更好，创优使他成功。

一场突如其来的大雪把几列满载乘客的火车强留在这个小镇的火车站，上千名乘客，又冷又饿，由于镇上的宾馆都已经住了人，他们只能无奈地等候在列车上。

知道这件事后，这个小男孩和他的妈妈连夜赶制了许多三明治拿到火车上去卖。虽然他的三明治做得并不怎么好看、味道也很一般，但还是被饥肠辘辘的乘客瞬间抢购一空。因为他懂得如何比别人做得更早，抢占先机使他成功。

炎热的夏天悄悄地到来了，挤满乘客的火车站，又热又闷。这个聪明的小男孩又开动脑筋设计出一款能前挎在肩上的箱子，里面放着加了秘制薄荷果酱的蛋卷，蛋卷的中间还放上一小块冰淇淋。结果这种新鲜的蛋卷冰淇淋备受乘客欢迎，每天他的生意都很火爆。因为他懂得如何比别人做出有新意的东西，创新使他成功。

当他生意红火一阵后，与他一起竞争的孩子越来越多地效仿他，这个小男孩意识到自己在火车站赚钱的日子好景不长了，便赚了一笔钱后果断地退出了竞争。结果如他所料，这些孩子的生意越来越难做了，而且车站工作人员又对这些小生意进行了清理整顿，让这些孩子损失惨重。而他因为及早退出没有受到任何损失。因为他懂得如何比别人更清醒，一件事在大家都看好时他能保持清醒的头脑，及时抽身出来，及时抽身使他成功。

后来，这个小男孩果然成了一个不凡的人，他就是摩托罗拉公司的创始人保罗·高尔文。

一个比别人做得更好、做得更早、做得更新的人，一个懂得如何创优创新、抢占先机并及时抽身的人，怎么可能不拥有成功的人生呢？

我不是躺着成为谁的

一位老资格的小品表演艺术家接受一个人物传记的拍摄工作。对于几十年一直活跃在电视荧幕上的他来说，这种拍摄任务非常简单，和导演合作得非常默契，在很短时间内就拍摄完成。

可是，录制完成十几天后，导演接到艺术家打来的电话，要求将节目重新录制一遍，他的态度很坚决，不容拒绝。导演也被他弄得不知所措。

后来，导演与这位艺术家进行了面谈："您没有必要再重新录制一遍了，我向您保证，这期节目拍摄的已经很完美了。而且我们已经在进行后期制作了，再有一段时间就可以拿到电视上播出了！现在重新拍摄，我们前期所做的工作，全部白费了！"

"不中，俺们东北银（人），普通话忒（太）不像样了！嘴忒不利索了！俺寻思回到俺家那边，好好练练普通话，然后咱们重新弄（拍摄）一遍，要不太对不起大伙儿了。"虽然这位艺术家说话很可笑，但是导演非但没有发笑，反而还对其的敬业精神有了更多的崇敬。

11

"我们可以配上字幕，观众的倾听不会有多大障碍！相信我们的观众不会对这点儿小瑕疵有任何不满的，他们喜欢的就是您的东北味儿！"

"那不行，不说清楚了，我对不起看节目的观众。"这位老表演艺术家犯了牛脾气，谁也劝不了他，无奈之下，导演答应了他的要求。

回到东北后，老艺术家拿着采访稿，整整苦练了20天的普通话，直到跟着他学习表演的徒弟们真心实意地说"绝对OK"后，才打电话给导演要求重新录制。第二次录制，效果果然不一样，节目播出后，反响极好。

事后，导演在新闻发布会上由衷赞道："这就是赵本山老师，我敬佩他对艺术的追求！他个性如此，会在某些事上极为专注……"的确如此，从东北铁岭来的农民二人转演员最终成长为"小品之王"，一路走来，赵本山凭借的正是这种对艺术精益求精的认真态度。

红透全球的功夫巨星成龙曾经说过这样一句话："我可不是躺着就成为成龙的。"其实，没有谁是躺着成为谁的，每一个成功者的前身都是不甘平庸的奔跑者。

我们想成为一个有风度的男孩子，是因为我们不甘心落于平凡，既然不甘心，那就起来奔跑吧！

如果没用，请扔掉它

2009年的春节，列车上挤满了返乡的人，没有一丝可以活动的地方。一个大学生和一位农民幸运地占到了座位，他们面对面坐在靠窗户的座椅上。

这是一辆普通快速列车，虽然是冬天，但是由于乘客过多，车上又热又闷，大学生就把车窗开了一条缝，确保空气流通，乘车的人们也会感到舒服一些。他们不敢把窗口开得太大，因为怕引发交通事故。

不知什么原因，火车突然一个晃动，大学生不小心把放在桌子上的一只手套碰到窗外，"哎呀，我新买的手套。"

火车渐渐行驶得远了。坐在车上的乘客们纷纷安慰大学生："小伙子，不用上火，一双手套而已，下车再买一双就是了！"

"挺可惜的，耐克新款的吧？得几百块钱！"

"把窗户关上就好了，你把东西放得太靠近窗户了！关上窗户吧！"

"不行，关上窗户你想闷死我啊！这么热的车厢，你不怕背过气去啊！"

周围乘客叽叽喳喳地讨论不停，整个车厢突然间热闹了起来。而丢了一只手套的大学生则是心烦得要命，他一直在强压着自己的火气，可是他越来越控制不住自己的脾气。当他正想站起来大喊一声"你们都闭嘴"的时候，坐在他对面的农民却突然站了起来，只见他拿着桌上剩下的那只手套，随手扔了出去。

乘客们看到他的动作，都惊讶地张大了嘴，而处在爆发边缘的大学生也突然没了脾气。大家只是静静地看着这位农民。

"你……你干吗把我的手套扔出去啊？"大学生磕磕巴巴地问着农民。

农民却明显一愣："我也是脑袋一热，就把手套扔了。我觉得这副手套确实很漂亮，但是只剩下一只了，对于你来说，也就没啥用途了。我就想着把另一只手套也扔下火车，如果有人能捡到，那么这个幸运的人就能捡到一副，说不定他还能戴呢……"

农民的举动很反常，但是他一瞬之间，对事情有了自己的判断。无论是对是错，他都果断地行动起来。有风度的男孩一定不能瞻前顾后，没有自己的主意。遇事一定要冷静下来，越是遇到困难，就越是考验你的时候，不要让身边的人失望哦！

心灵的力量

　　童话王国里的信差名叫格拉齐，他非常值得人们信任。无论怎样恶劣的天气，他都坚持把信件送到收信人手里。

　　可是，格拉齐是个有爱心的人，送信的途中他总是停下来帮助有需要的人，所以送信的时间总是被拖后很久。

　　国王让格拉齐送一封重要的信去森林，到了森林边缘地带时，天空下起了大雨，一位年老的婆婆摔倒在路边。原来，森林里的道路太过泥泞，老婆婆走路时无意中滑倒了，摔坏了左腿。正在这时，一道闪电劈过来，一棵大树马上就要倒下来了。在这千钧一发的危险时刻，格拉齐飞奔过去，抱起了老婆婆。呼，真是好危险呀！差一点儿老婆婆就没命了。格拉齐把老婆婆背到附近的猎人家休养，结果他又是很晚才把这封信送过去。

　　终于，格拉齐被忍无可忍的国王炒了鱿鱼。没有工作的他只好在童话王国四处游荡。他太饿了，就走到一户房间下面，想讨点儿吃的东西。说来凑巧，开门的正是他上回在森林里救过的老婆婆。老婆婆摆了丰盛的酒席招待他，吃过饭后，又送给格拉齐一双拖鞋。"这是一双会飞的拖鞋，如果你有力量，就能让他飞起来！我留着它也没有丝毫用处，就送给你吧！"

格拉齐就穿着拖鞋飞回了皇宫，他恳请陛下原谅他，让他重新当回邮差。国王看着他飞了回来大吃了一惊，心想："如果他会飞，信件不是可以很快就送到收信人手里吗？"国王就同意他重新做回信差。

可是，他的老毛病又犯了，他救过迷路的小姑娘；救过掉在河里的小男孩。气得国王又要炒他鱿鱼。格拉齐暗暗发誓，以后在送信的过程中，我再也不做善事了。我需要这份工作，善事可以在我不工作时去做！

有一次，他飞向森林深处时，拖鞋却飞不动了，他连忙去问老婆婆，原来森林里有一只受伤的白鸽正在向人求救。格拉齐救了白鸽后，拖鞋果然又飞起来了。

老婆婆惊叫道："你的力量来自心灵，果然心灵的力量才是最强大的力量啊！"

最强大的力量是心灵的力量。一颗善良的心对于我们来说，何尝不是一双会飞的拖鞋呢？

被吃掉的角将军

　　森林王国里，老鼠兵团和黄鼠狼兵团是天生的两个敌人，经常因为一些鸡毛蒜皮的小事兵戎相见，有时可能是为了争夺一个馒头，有时可能是一只小鸡，也有时，没有理由他们也会开战。但是相对于强大的黄鼠狼兵团来说，老鼠兵团的士兵们都太弱小了，数百年以来，每一次都被打得溃不成军落荒而逃，钻进老鼠洞里很久不敢出来，如果不是他们有老鼠洞，繁殖力又十分强大，他们早就被灭族了。十分窝囊和不甘的老鼠们坐在一起检讨作战失败的原因，他们得出了一个结论，为什么我们打仗总是输呢？因为我们没有领头的将帅，每次作战都是一盘散沙，敌人一个冲锋就把我们给击溃了。后来，所有老鼠举行公投大会，推举了几位勇士来做将军。可是，怎么才能把将军和普通士兵区分开呢？聪明的老鼠们又动了脑筋，在将军们的穿着打扮上做区分，要让将军们的衣着与众不同。

　　"如何打扮，才能标新立异，显得器宇轩昂，与众不同呢？"这些新当选的将军们可没少费脑细胞。"不如，在我们的头上都装上角吧！这样就能把我们和其他士兵们区分开了。"一位将军突然有了好办法。

这么好的主意当然得到了所有老鼠将军的同意。于是老鼠们齐心协力做了几个角，又想了无数办法，终于把角挂在了鼠将军的头上。果然，鼠将军们挂上角后，显得威风凛凛，器宇轩昂。

"嗯，鼠将军们太帅气了，在他们的带领下，我们定会势如破竹，一鼓作气消灭黄鼠狼！"

又过了不久，在一场争夺一枚臭鸡蛋的归属问题上，老鼠兵团又和黄鼠狼兵团兵戎相见。结果老鼠兵团还是被打得溃不成军。被打散了队伍的老鼠们拼命往老鼠洞逃，鼠士兵们轻松地钻进了洞，而鼠将军们由于头上戴着角不方便钻进老鼠洞，全部被黄鼠狼兵团消灭了。

学校和社会上有很大一部分男孩子，以标新立异、特立独行为荣，认为那样很帅很酷。但是对于有风度的人来说，那样高调行事，势必招来很多人的反感。如果真想让人见识到你的风度，获得别人的注意，不用那么多噱头，只要有更强的执行力，把该做的事情做得比别人更好就可以了。

小松鼠救火

一道迅猛的闪电划过天空，击落在森林最中央的一棵树上。瞬间燃起熊熊大火。森林的树木像火炬传递般，燃烧得一发不可收拾。火焰肆无忌惮地吞噬着森林，也威胁到所有小动物的生命。

"天啊，快逃命去吧！这场可怕的大火是我们扑灭不了的！"随着小兔子惊慌失措的喊叫，很多小动物们都往森林外面逃去。可是他们哪里知道，森林外面有着更多的危险。当他们逃到森林外，等待他们的却是一张张血盆大口。当闪电划过森林，燃起大火时，那些猛兽们就趁着这个机会，包围了森林，耐心等待小动物们自动跳到自己嘴里。

其实，并不是所有小动物都不顾一切地逃命。有一只小松鼠特立独行，他不但没有逃跑，反而很果断地向着大火冲去。他蜷起身子，在一个快被烤干了的池塘里，沾满了水，然后一纵身冲进火场，拼命抖动身体，把水珠抖落下来，希望能扑灭这场可怕的大火。

这件事被天神看在眼里，他好奇地问小松鼠："我的孩子，你在做什么蠢事？"

小松鼠一边抖动身上的水珠，一边说："我在灭火。"

天神说道："难道你不知道，无论你做多少，都于事无补吗？快点随我来，我指点一条生路给你。"

小松鼠又钻进了池塘，虽然这时已经没有水了，它又冲进火场，拼命抖动身体，抽空还对天神说："谢谢你，天神，我知道以我的力量不能扑灭这场大火，但是我想尽我自己的力量阻止大火的蔓延，这样，也许还会救更多的小动物？"

天神被小松鼠的爱心感动了，流下了眼泪，眼泪熄灭了大火。

我们不应嘲笑有爱心的人。其实有风度的你，心地也会是很善良的。这份爱心也许有时会很可笑，但是很多奇迹就是这些爱心所创造的。心有多宽广，潜力就有多大，付出你的爱心，爆发你的小宇宙吧。

半块面包的意志力

汤姆今天将面临一个全新的任务，就是独自一人去遥远的外婆家。由于身处乱世，还遇到连年的饥荒，汤姆的家里也没有多少粮食了，妈妈就给汤姆带了半块早晨吃剩下的面包。妈妈叮嘱汤姆："一定要到饿得实在不行的时候才吃，因为你只有这半块面包，却需要走很远的路。"

早晨，汤姆也只是喝了一碗汤，吃了小半个面包，所以刚走出去不一会儿，他就有些肚子饿了。可是汤姆却丝毫没有在意，因为他有半块面包。

又走了一阵，到了中午，汤姆又累又渴，他的手好几次都摸向了面包，但是想起妈妈的叮嘱，他又咬了咬牙，把手放了回去。因为他只有半块面包，吃了就没有了。正好路边有眼泉水，他过去喝了满满一肚子水。

他走过了一个山坡，又走过一个山冈，外婆的家还是那样的遥远，他喝到肚子里的水早已经消耗干净。他走不动了，真的走不动了，我该吃掉那块诱人的面包了，可是当他把面包送到嘴边

23

的时候，他又把面包放下了，因为面包吃了就没有了，最难走的山路还在前面，现在吃了，一会儿该怎么办？

咬咬牙，汤姆继续往前走，他走了一站又一站，歇了一回又一回，半块面包支持着他继续前行。饿得实在不行了，就拿面包在鼻子下面闻一闻，继续前行，汤姆就是没吃一口面包，虽然他的肚子空空如也，但是心里有底。他知道，面包只有半个，吃了就没有了！

他昏昏沉沉地往前挪着，一步、两步、三步，当他已经没有任何力气时，他发现，自己已经站在青山顶了，外婆的家就在山下。空着肚子，走了一天的路，他始终握着那半块面包，他只有半块面包。

几十年后，他成了赫赫有名的将军，他说："每次战斗时，无论敌人是强是弱，我的环境是好是坏，我都把他看成我的半块面包。"

怎么样，故事中的汤姆是不是很让人敬佩呢？现在开始我们也学习积蓄心灵的力量面对一切的环境吧。锻炼自己的意志力，磨炼自己的意志力，因为意志力是我们行动的动力源泉。

金枪鱼逃命记

　　海水，潮起潮落，亘古不变，伟大的海洋母亲孕育了无数生灵。也为人类带来了无限资源。一次，海水涨潮后，三条玩过了头的大金枪鱼没能及时退回去，落潮时，被困在了浅水滩中。

　　虎落平阳被犬欺，更何况落入浅水滩的金枪鱼呢？这三条金枪鱼没有了弄潮时的气魄，灰溜溜地躺在浅水滩中，长吁短叹。

　　"大哥、三弟，现在在浅水滩中实在危险，我们快快寻找些脱困的办法吧。"一条金枪鱼对其他两条鱼说。

　　"实在不行，我们静静地等待晚间涨潮时，逆流而上，回到海里怎么样？"鱼老三对鱼老大、鱼老二说。

　　鱼老大毫不思索地回答："不妥，现在到晚间涨潮，时间太久，而且前方有捕鱼船阻路，我们不可能平安逆流回海，还是各显神通，各想办法吧。"

　　说完，鱼老大使出了吃奶的力气，铆足了劲，像一支箭一样，从渔船上空飞过，扑通一声落进海里。

　　虽然鱼老大逃离了困境，但却引起了渔夫们的警觉，他们发现浅水滩这边可能还有鱼，于是他们把船开了过来。鱼老二知道不好，就悄悄地躲在水草丛里，躲过了渔船的搜捕。

鱼老三呢？还躺在浅水滩等着晚上涨潮呢，一点儿也不担心自己被人发现。鱼老三心想，你们费那力气干吗，晚上涨潮逆流而上多省力气。

渔船经过浅海滩，渔夫们把第三条鱼抓走了！

有风度的人，绝不会怨天尤人的，他们会做命运的主人，把命运掌控在自己手里，从来不存把命运交给上天的侥幸心理。

在遇到困难时，他们会用自己的力量，从自己身上找出路，就能逆转命运，就有力量和勇气解决问题。

公牛和狮子

有一头年老的狮子对原始森林旁边牧场上生活着的三头公牛垂涎很久了。但是狮子一直找不到出手的机会，因为这三头公牛无论做什么事情都是在一起，出门就一起出，睡觉就一起睡，连吃饭喝水也都要在一起。

这头老迈的狮子没有独自战胜三头公牛的力量了，但是他却有头脑。有一天，他终于想到了一个主意："把三头公牛分而化之，逐个击破。"

有一天，当两头公牛懒洋洋地趴在草地上，另一只公牛在不远处悠闲地吃着嫩草时，狮子温和地来到公牛身边，主动和它打招呼："嗨，兄弟，你回头看看你的两个伙伴，他们正在那里窃窃私语，好像在研究着要干掉你，因为现在牧场里的草越来越少了，少一头牛分，他们就能多吃一点了。"

公牛一听，不经大脑的牛脾气就上来了。他回头看了看正在咬耳朵的两个伙伴，就相信了狮子的挑拨，而且钻进牛角尖，不管伙伴们怎么和他说话，他都不理不睬。

27

过了一段时间，狮子又悄悄地告诉第二头公牛，现在三头公牛要三足鼎立，各自霸占一片草场称王，让第二头公牛小心些。结果，第二头公牛也轻信了狮子的话，也不再理睬自己的伙伴。

几个月的时间悄然而过，昔日形影不离的三头公牛如同陌生人一样不再团结。彼此之间离得要多远有多远，一股老死不相往来的势头，就连吃草喝水时，也是各自有各自的时间，不再一起行动。睡觉？更是一个在东边，一个在西边，一个在北边。

狮子躲在一旁看得哈哈大笑，他的计谋成功了，他离可口的肥牛大餐越来越近了。终于有一天，他突然从森林里扑出，咬断了一头公牛的脖子。而另两头公牛只是打个响鼻，眼睁睁地看着狮子吞吃了自己的朋友。心里还美滋滋地想着，他终于遭报应了。

过了两天，狮子吃掉了第二头公牛。又过了两天，狮子吃掉了惊慌失措、倍感后悔的第三头公牛。

在这个个人英雄主义唱主角的今天，我们能了解多少团结就是力量的含义呢？兄弟齐心，其利断金；一个好汉三个帮，好像都离我们好遥远。但是一个有风度的男孩，他需要好兄弟的时刻提点，指出他所犯的错误。所以尽管这个时代个人英雄主义突出，如果我们把突出的英雄们团结起来，我们的力量岂不是更强大吗？

等待大力神

一个送完货物的车夫，驾着心爱的马车，行驶在乡间的小路上。昨天一场大暴雨，滋润了乡间的空气。这里的空气是那么的清新，夹杂着泥土、植物的气味，是那样让人心旷神怡。骨碌碌，骨碌碌，雨后泥泞的道路和一洼洼雨水却让车夫的好心情荡然无存。当然了，车轳辘甩起的泥溅了车夫一身，而一洼洼水，更是让车夫洗了一个雨水澡，这样的路况，确实无法让人心情愉悦。

咔嚓，喀拉拉，马车刚刚前行到路程的一半，车夫在擦身上的雨水时，一不留神，马车的车轮陷入了泥坑当中，再也无法前进。"屋漏偏逢连夜雨，我可算是倒霉透顶，我今天必须赶回家，否则家人会担心我的，这可怎么办呢？"农夫赶着马车费了九牛二虎之力，半个小时也没有把车赶出来。他急得破口大骂，可再怎么骂这辆马车，也不能对陷下去的轮子有任何帮助。最后无可奈何的他，只能傻站在那里，一筹莫展地凝视着马车，而马呢？没有主人的驾驶，也只是呆呆地站在一边，打着响鼻，悻悻地甩着马尾，也懒得动一下。

"天上伟大的大力神海格力斯，您的信徒请求您。我的主人，请你可怜可怜我吧，您的仆人没有一点办法可以使了！"车夫的声音充满了哀号，甚至还有一丝颤抖。这个时候，天色渐渐暗了下来，如果天黑前他还不能把车轮从泥坑里弄出来，他和他的马就有被夜间出没的野兽吃掉的危险。他在那里继续向大力神祷告。

终于他的祷告传入了大力神的耳朵里，大力神变成一位路人，出现在他的面前："你这个有趣的人啊，马车都陷入泥坑里了，却还有心思向你的神祷告，你不快点儿想办法，这有什么用吗？为什么你不重套你的马车，抽打你的马，让它用力前行呢？你还有一双有力的手，你可以用你的双手挪动车轮，总比你傻站着强啊！"

"我只是在等我信仰的大力神，我的主人降下神力来帮助我。"车夫尴尬地回答。

"你的神不回应你，你该怎么办？其实你和你的马就是两个大力神，你不试着自己想办法解决问题，仅依靠祈求别人和消极地等待，事情会有什么变化吗？"

我们的能力往往比自己表现出来的强大得多，你了解自己的能力吗？如果不知道，请先不要否定自己，当你挖掘出自己所有的潜力时，那时的你，会让自己大吃一惊。

激烈的争吵

有一座巍峨的高山和一棵渺小的松树进行了一场激烈的争论赛。如果抛开有风度的话语，那就是高山和松树吵架了，而且吵得不可开交。

盛气凌人的高山带着普天之下舍我其谁的气势压迫着小松树，他淡淡地嘲弄着："你是个不知天高地厚的小不点儿。你太自以为是了。"

小松树虽然在大山的气势下瑟瑟发抖，但还是不卑不亢地对抗大山："你确实是个巨无霸，这是谁都无法否认的事实。但是……"小松树故意停顿了一下，"但是什么？"小松树听到大山的问话后，话锋一转："但是存在即合理，万物存在都有它的道理，哪怕那个事物再渺小不过……我不会因为我与你相比就像个蚂蚁似的，就感到无地自容，我就是我，谁也改变不了我，天地间有我容身的位置就够了。"

"而且，你虽然比我大，但是你永远也不可能比我小，你有你的厚重，但是你永远不可能像我这样灵巧！"

　　"这个……"松树的话，让高山陷入了沉思。口齿伶俐的松树又继续说："这个世界上的一花一草都有自己的用处，你也一样。我不否认你拥有能接纳一片森林的身躯，但是我要告诉你，虽然我不能背负整个森林，但你也无法撬开我身上的一粒松子。"

　　好的口才，在与人交往时可以展现出风度美，可以为自己打开人际交往的通道。

推销自己的林肯

现代社会中，不光商品需要广告宣传，人才也需要推销才能够被赏识，好的推销手段能引起人们的注意、促使对方认同，还可以让人彼此从心里相容。

1860年，美国总统的竞选大战愈演愈烈，几位候选人陆续退出了舞台，最后只剩下林肯和道格拉斯竞争总统宝座。豪门出身的道格拉斯挥金如土，他租用了豪华列车，用它拉着一门大炮，每到一地，都会放几声空炮，吸引选民的注意。当选民都集中过来时，道格拉斯会用极其傲慢的态度做演讲。他会去炫耀自己的身世，自己的财物，"你们都知道我是个有钱的体面人，我能走到今天，和我有很深的社会关系是有关的……你们应该把选票投给像我这样的人，我将带领我们的国家走上正确的道路……"这种招摇过市的拉选票方式，用现在的话说，就是用炫富的手段来吸引选民的目光。但是结果却是让越来越多的选民感到厌烦，从心里抵触道格拉斯。

而林肯呢？却恰恰相反，他登上朋友借给他的破旧马车一路颠簸着去拉选票。他每到一地，都是发表同一篇演说："有很多人很好奇我有多少资产，他们很多人写信来问我这个问题，如果每一封信我要回答一遍的话，我写到下辈子也写不完。所以我在这里要告诉所有人，我有一位妻子和三个孩子，他们都是上帝赐给我的无价之宝。还有一个办公室，其实是我租来的，里面放了一张办公桌，三把椅子，在角落里放了一个很大的书柜，上面放了些我珍藏多年的书，都很有阅读价值，值得每个人都读一读。你们都知道我这个人，又黑又穷，脸还很长，一看就是不会变胖的人。我也没什么可以依靠的，唯一可以依靠的就是你们！"

竞选的结果，不用我说大家也都知道，道格拉斯以悬殊差距败北，林肯坐上了白宫那把椅子，成为美国第16任总统。林肯用自己良好的口才获得了选民的认同。

现代社会，推销是一门很大的学问，酒香也怕巷子深。风度翩翩的少年，如果运用良好的推销办法，更能让人赏识。

狄仁杰幽默机智化解尴尬

当我们与人交往陷入静默期时，可以用幽默的语言，化解尴尬气氛，使紧张的心情放松下来。

狄仁杰是我国唐朝时期有名的神探，他思维缜密，破解了很多谜案。他语言风趣，朝廷斗争虽屡屡剑拔弩张，却都被他用巧妙的语言化解了！

一天，武三思邀请狄仁杰和张静之到府饮酒，狄仁杰和张静之明知道宴无好宴，可又不能得罪武三思，只好硬着头皮来参加酒宴了。

菜还没有上，酒杯还没有端，武三思就逼狄仁杰和张静之表态："二位阁老都是国家栋梁，三思有幸请二位到府一叙，真乃是三生荣幸。二位大人也都知道，皇帝陛下年事已高，早晚有一天，会从皇位上退下来。如果有一天皇帝殡天，我希望二位能拥立我当皇帝，毕竟从资历还是和皇帝的关系上，由我来当皇帝都是再合适不过的。"可是，狄仁杰二人心系李氏江山，是从心底拥护太子殿下的。

武三思的态度越来越强硬，这时，有些沉不住气的张静之终于发火了："现在皇帝还没驾崩呢，你现在说这些话是大逆不道。没想到啊，没想到，你会是这样的人，枉费皇帝对你的宠爱了，明天我要向皇帝参你一本，我看你怎么办？"

武三思一听张静之要向皇帝报告，心里也吓了一跳，就威胁张静之："你认为皇帝会相信你的话吗？别忘了我可是皇帝的亲戚，小心最后人头不保的是你！"说完和张静之大眼瞪小眼的，僵持在了一起。

"哈哈哈哈……"

这时，狄仁杰哈哈大笑。"我说三思啊，你真是小气的家伙，说是请我们来你府上喝酒，却不把酒菜端上来，还用这些胡话挤对我们，看来你是不让我们吃酒啊。这样你莫不如给我们二人每人两记耳光。当我回家后，也能让我的夫人看到我面颊通红，以为我吃饱喝足了！"

听了狄仁杰讲的笑话，刚才正在争吵的两人也不由自主地笑了，紧张的气氛一扫而光。

人都是肉做的，哪有不动怒气的道理？可是当我们陷入僵局时，该用什么样的话语打破尴尬局面呢？答对了，就是幽默的语言，这样就可以使紧张的气氛顿时活泼起来。

所以我不敢娶你

清朝末年慈禧大寿，特开恩科录取天下有用人才。有个不学无术、胸中无半点墨水的读书人想要进京赶考。他是李鸿章的远房亲戚，总想着依靠李鸿章的关系，走走后门，好能够金榜题名。"就凭着我是李鸿章中堂大人七姨夫的表舅的外甥的小舅子，这次进京赶考，主考官冲着李鸿章大人的面子，无论如何都会给我个一官半职。到时候，我也就高官得坐，骏马得骑了，说不定哪家大人看我长得一表人才，还会把他家千金下嫁给我当妻子呢。"

他越想越美，越想越放松，所以就更不知道温习，整天饮酒作乐、游山玩水,好像状元已经落入他的囊中一样。

很快就到了应试的时间了，当他信心饱满地走进考场，打开试卷，他就有些晕头转向，因为试卷上有一多半的字他都不认识，审题都审不清楚，更不用说是答题了。他急得如同热锅上的蚂蚁似的。整篇试卷他连蒙带猜，也没答上几道题。眼看离交卷子时间越来越近，他的汗像水滴一样落了下来。这时，他突然想起来了，"我是李中堂的亲戚，干吗要费力气答卷呢，只要我在卷子上留下李中堂的名号，他一定会给我状元的。"他贼起飞智，在试卷末端自己名字的后面写了一行字："我是李鸿章中堂大人的亲妻。"然后就交了卷子。其实最后一个字，他本来想写亲戚的"戚"，因为不会写，古时又没有拼音，所以就以妻子的"妻"替代。

当主考官批阅试卷时，看到这份卷子上写着李中堂的名号，就有些纳闷，一份试卷关李中堂什么事情呢？再一细读："我是李鸿章中堂大人的亲妻。"就忍不住哈哈大笑，提笔在试卷上批阅到："就因为你是李中堂的亲妻，虽然我很仰慕你，但是本官不敢娶（取）你！"

当我们用幽默的语言来展现自己的风度时，这种巧用谐音字的办法其实是很不错的选择，既能展示你的幽默风趣，又对你要表达的事情一针见血，不落俗套，为人所喜闻乐见。

乾隆是个老头子

　　纪晓岚的大名家喻户晓，我们总能在电视上看到他与和珅、乾隆嬉笑怒骂、斗智斗勇的故事。但实际上，纪晓岚是一个大胖子，并不像张国立演的那样风度翩翩。也正因为他的胖，引出了很多令人啼笑皆非的故事。有一次，还差点儿引来杀身之祸。

　　那是一年夏季，天气特别的炎热。乾隆来到翰林院，视察《四库全书》的编辑工作。

　　对于一个胖子来说，这个季节是最容易出汗的。尤其是坐在桌前奋笔疾书的纪晓岚，更是大汗淋漓。所以，每到这个时节，纪晓岚都是赤膊工作。

　　为了不打扰翰林们的工作，乾隆进来时特意嘱咐手下人不许通传。结果他一进翰林院就看到光着膀子的纪晓岚坐在书案前奋笔疾书，乾隆尴尬地退了出来。

　　"来呀，通传翰林院，就说朕来了！"乾隆对身边的小太监说。

　　"皇上驾到！"小太监高声通传。听到消息的各位翰林都停下笔来，下跪迎接。可是纪晓岚却慌了，衣冠不整见驾有欺君之罪；更何况他还赤膊上阵？急得他钻进书桌底下躲避。

乾隆看着好笑，就示意其他人，叫他们保持安静，自己就在纪晓岚藏身的桌前坐下来。

时间长了，肥胖的纪晓岚有些憋不住了，他在桌子底下也看不清楚乾隆到底走了没有，就伸出一只中指，挑开桌帘，压低声音问："老头子离开没有？"

乾隆一听，就有些生气："放肆！谁在这里？快快出来！敢叫朕老头子？讲得有理就饶你，否则，治你大不敬的罪！"

纪晓岚一听吓坏了，赶紧出来向乾隆解释说："您是万岁，应该称'老'；您是皇帝，天下听您号令，当然是'头'；子者，'天之骄子'也。呼'老头子'乃表达我对您最崇高的敬意。"

"伸中指是什么意思？"

纪晓岚伸出一只手，动着中指说："我伸中指代表君王的意思。无论左右手，天地君亲师，中指都代表君。"

乾隆一听，气就消了："算你脑子快，虽是诡辩、诡答之道，但恕你无罪！"

诡答，常与诡辩联系，是一种很奇怪的回答方式。如果我们在某种特殊情况下，不宜直接回答问题，以免伤到身边人时，运用诡答，也许就能应付过去。

卿本佳人

我们总是在追忆着那些个历史，也许，清朝并没有灭亡，它还存活在我们这些人的笔下，存活在电视荧屏上，存活在清朝那些珍贵的古玩字画里。

说到字画，就不能不提郑板桥，他是扬州八怪之一，一生酷爱画竹，其人也如竹子一样很有气节。

郑板桥在潍县任县令的时候，有一个叫李卿的恶霸为祸乡里，鱼肉百姓，弄得百姓苦不堪言。郑板桥上任后的第一件事，就是准备查处李卿。李卿的父亲李君是朝廷重宰，刑部天官，李卿更是他的独生爱子，自幼娇生惯养。李君在收到要查处李卿的批文后，又惊又怒，如果这批文被上方知道，就算他有通天的本领也难救儿子性命。他就悄悄地压下了批文，连夜赶回潍县替儿子求情。

按理说李君是朝中的大人物，平常知府大人都难得见上他一面，更不用提知县了。但是为了儿子的缘故，李君降低了身段儿以同窗好友的身份拜访郑板桥。郑板桥一听李君来了，心中就有了数，知道李君是来干什么的。但是郑板桥却又不能退之不见，于是就把他迎进了自己的书房。他们一起来到郑板桥的书房，李君看到摆在书桌上的文房四宝，于是来到书桌前，拿起笔来在纸上写道："燮乃才子。"郑板桥虽然明知李君的来意，但是人家在夸自己是才子，自己也得回敬一下才是，于是也提笔写道："卿本佳人"。李君看了，心中一动："郑兄，可是君子之言。"

"君子一言，驷马难追！"

"燮字可是郑兄的大名，这个卿字不知又作何解？"

"乃贵公子的名号！"

"那就多谢郑兄关照了，既然我儿子是您的"佳人"，就请郑兄高抬贵手，放他一条生路吧！"

"哦，李大人可是误会小老儿的意思？先人不是说过：'卿本佳人，奈何做贼吗？'"

李君听了，心里一凉，无奈地离开了郑板桥的家。

虽然郑板桥没说什么婉拒的话，但是却巧妙地利用李卿的卿与现成话"卿本佳人，奈何做贼"的同音同义关系，拒绝了李君！

有风度的你，也没必要是有求必应的，要学会拒绝别人。当然拒绝别人也是需要技巧的，因为拒绝不当，反而会得罪人。懂点儿拒绝的口才艺术是很有必要的。

让人一见如故的秘诀

一位年轻的律师拥有很高的知名度，除了本身的社会地位以外，还因为他的父亲是美国一所大学的名誉校长。

在一次私人party上，所有认识他的人都来向他敬酒，并努力和他说几句话。然而年轻的律师却很尴尬，因为他看出这些人都只是为了表达一种社交礼貌，才过来和他打招呼，其实他们的表情很冷漠，没有一点儿热情。

他有些失落，但是既然是来参加party，他也想和这些人玩到一起，于是他对邀请自己来的同伴悄声说道："你把刚才向我敬酒的那些客人的大致情况告诉我，好吗？"年轻的律师掌握了这些人的信息后，就有了同他们闲谈的资料，并引起他们的兴趣，在不知不觉中，他便成了他们的新朋友。

无独有偶，一位世界著名的科学家在他的回忆录里写道：

我在8岁那年，去姑姑家度周末。当天在场的还有一位先生。他看到我以后，就试着和我说话。当时我正在用水粉笔画航母，我以为他只是逗我说几句话，没想到他对我说的全是有关航母的事。

傍晚，他跟我们告别之后，我很舍不得他离开，于是我对姑姑说："那位先生一定在船场工作，他非常懂船，真是太厉害了。"

"他是位有风度的绅士，他喜欢你这样的小孩，看到你在画船就专门找有关船的话题和你说话。"姑姑笑着告诉我其中的道理。"他是一位医生，他根本就不懂船。"

直到多年以后，这位科学家都深深记着这次的谈话。可见找到一个"彼此"都觉得有趣的话题是多么的重要。

相反的故事就是，如果你在交往中只顾炫耀自己，那么你会被别人所讨厌。比如几个许久不见的朋友一起聚餐，大家聚会的主要目的就是想让一位走入人生低谷的朋友开心。

这位朋友身体不好，工作也没了着落。他的父母也跟着他一起过苦日子，他内外交迫，痛苦极了。

朋友们都避免去谈与事业有关的事，可是这时突然来了一位新朋友，他是一位暴发户，赚了大钱，所以有机会就要炫耀一下。那种心态，令所有人都觉得不舒服。那位失意的朋友更是心里难受，面子上过不去，不大工夫，找了个借口就提前离开了。

我们每个人，都会有些共同的地方。关键是我们是否有这种洞察力，把彼此的共同点找出来，并用语言表达出来。用共同点来打开话匣子，对于初次认识的人来说至关重要，这样，对方肯定会喜欢你，认同你了。

一个姓氏引起的商机

　　有一位历史专业毕业的硕士生，因为不想从事教书的工作，就去了一家古玩城任职员。这家古玩城有规定，每位新人有三个月的试用期，在这三个月内，要为公司争取到一个新客户。毫无经验的他一直都没有谈成一笔生意。

　　就在他即将被辞退的时候，他抓住了一个小小的契机，成功开发出一个新客户，而且这个客户还引荐了十几个新客户给他。

　　这个新人到底是凭着什么本领，又是抓住了怎样的契机呢？

　　"那天，我踏入那家公司时，其实已经灰心到了极点。当我敲开门，见到客户的时候，我都不知道怎么开口，但是我见到他胸牌上写着'万俟明'时，我就有了主意。因为我在查考史料的时候，查到过一个叫'万俟乔'的奸臣，这个人一直与岳飞不和。后来他便与秦桧合谋诋毁岳飞。皇帝一时糊涂，将岳飞父子下狱治死。这还不算，如果谁敢替岳飞伸冤，也会受到他的迫害，可以说是个大大的奸臣。"

　　"我当初查史料的时候，就不知道这个人名怎么读。我查了查字典，才知道这三个字的读音。当时我一眼看见这人的名片上写着'万俟明'，我就很有礼貌地和他说：'万俟先生，我是古玩城的职员，我们约今天上午见面。'

一听见我如此称呼他，他有些吃惊，'你……你……你怎么认识我的姓，大部分人都叫我万先生，我总是一次又一次地解释，搞得我不胜其烦。'

我觉得抓住了一个彼此都感兴趣的话题，这对我来说是个好的开始。于是我接着说：'我是学历史的，知道这个姓是复姓，我想这是个很有来源的姓氏！'

对方听我这么说，显得兴高采烈，他向我解释道：'这个姓氏原是古代鲜卑族的部落名称。'

'那您就是古代帝王之后了，真是久仰啊！'

'不敢当，但是这个姓氏倒也出了不少名人。例如，自号词隐的万俟永，后人都尊称他万俟雅言……'

用这个让他惊讶的话题，我和他聊得很开心，尽管我并未说明来意，更没谈什么细节，但光凭这次愉快的交谈，就让我开发了一位买家。而且他又介绍了许多做文物收藏的朋友来我们古玩城，为我增添了业绩。"

表面上看，是这位青年人利用了一次偶然的机会。其实最关键的还在于他抓住了一个让对方为之惊讶的话题。对于我们来说，一种惊讶的结果，也许会使我们处于一个轻松的氛围内。但是惊讶不等于惊吓，这个度需要我们慢慢掌握。

张山登门

都是律师出身的张山和王玉婷交往了一段时间，彼此觉得都不错，王玉婷就邀请张山去她家里吃饭，顺便见见家长，接受未来岳父岳母的审察。去之前王玉婷千叮万嘱道："我们家规矩比较多。饭桌上就有一个客人不能自己去添饭的规矩，我们家人会觉得这是非常不礼貌的行为，你要记牢啊。"

张山满不在乎地说："有人给添饭还不好？我高兴还来不及呢！"

可是当天吃饭的时候，王玉婷和妈妈只是随便吃了一点就去看电视了。而未来的岳父大人觉得和张山很投缘，拉着他山南海北，谈得眉飞色舞，干脆就没看张山的饭碗是空还是满。

张山其实还没有吃饱，但是又不好直说，他便开口道："叔叔，我听玉婷说，你们准备装修房子？""是有这么件事，就是没有木料。"

张山连忙说道："柏木可以吗？我哥哥在木材公司工作，他们新进了一批柏木，最小的都有碗口这么粗——"说着，他在自己的碗口处一比划。未来的岳丈大人的眼神也随他的手势看到了空的饭碗，于是赶紧叫道："玉婷，过来给张山添饭！"

张山偷偷摸了摸肚子，又能吃上饭了，就决口不提自己哥哥能弄到木料的事情。未来岳父有些忍不住了，继续问："这批木材多少钱？有买主了吗？"张山咽下嘴里的饭菜，便道："他先前没有饭吃，打算卖，现在实行了责任制，有饭吃了，他就不卖了。"

王玉婷一家人终于反应了过来，全家人哈哈大笑。

男孩子心直口快，要注意语言表达上一定要温婉谦和，否则可能会适得其反。

阿丑劝进诸葛亮

刘备三顾茅庐请诸葛亮出山辅佐的故事可以说家喻户晓。但是又有谁知道在诸葛亮出山的过程中，一位名不见经传的女人起到了重要的作用呢？而这位女子便是诸葛亮未来的妻子黄月英。

诸葛亮未出山辅佐刘备前，一直在南阳过着隐士一般的生活，与几个好友吟诗作对，谈论天下大事，好不快活。其中就有一位黄承彦与诸葛亮是忘年交。

黄承彦有一个女儿名叫月英，乳名阿丑，学富五车却长得其丑无比。黄承彦有心给女儿找个婆家，就去征求女儿的意见。阿丑说："自古有云：郎才女貌是天作之合，可我学识并不亚于天下的男子。要让我选，我非得选一个容貌俊伟的奇男子，这叫'女才男貌'。"黄承彦听后，心里不禁一阵苦笑，就更不敢提女儿的婚事了。

这话传着传着就传到了诸葛亮那里，诸葛亮心想这阿丑必定不是个平凡的女子，便在心中暗暗仰慕。诸葛亮的母亲看出了他的心思，便亲自登门为他求亲。黄承彦心中大喜，便请诸葛亮亲自来一趟沔阳，与阿丑见上一面。

碰巧，此时的诸葛亮也正想请教一下黄老先生自己是否应该答应刘关张三顾茅庐请自己出山的事情，便欣然赴约。

诸葛亮在黄府与阿丑相见时，虽然看到阿丑长像很平凡，但温文尔雅，心中便更有几分好感。互相问候之后，诸葛亮便把事情告诉了黄承彦，想问问他自己应该是继续笑傲山野还是出山济世。

黄承彦还未作答，阿丑便接过话题说道："小女子才疏学浅，但也有话说，既逢乱世，谁也不能独身世外，苟全性命于山野间。孔融、祢衡被曹操所杀就是例子。依奴家愚见，以先生的旷世之才，必能干一番大事业。况且，刘备礼贤下士，你应该出山辅佐他。"阿丑的一番话，使诸葛亮不由得对她肃然起敬，心中十分佩服她的才华，同时也下定决心辅佐刘备。

当我们试图说服某些人时，最好的办法是动之以情、晓之以理，但是也要讲究一些技巧。"班门弄斧"虽说有点"自不量力"，却能让人刮目相看。若是再能说得人心悦诚服，难道不值得人佩服吗？

开儿童服饰店的人

有一个开儿童服饰店的人，他在市场上以机智出名。有一天，有一位妇女与儿子来买衣服。妇女看中了蓝色的衣服，仔细看了看，"老板，这件衣服挺漂亮的，但洗了之后会不会缩水呀？"

服饰店的老板爽快地回答："我们店里的衣服是不会缩水的，因为用的都是高档布料，您就放心吧。"

由于店主亲切的态度，妇女就买了这件衣服。过了一周后，这名妇女怒气冲冲地闯进了店里。她一只手拿着一周前买的蓝色衣服，一只手拉着儿子，"老板，您当时说衣服绝对不会缩水，结果你看看，它现在都缩成什么样子了？"

妇女的声音好像把整个店都震动了起来。

服饰店老板觉得特别抱歉。他并没有想骗人，但衣服确实缩水严重。

老板看了看拉着妈妈手的孩子，说了一句话，智慧地解决了这个危机。说完这句话，老板就给他们换了衣服，于是这位妇女也没有再生气，笑着回去了。

那么，智慧的老板用什么话解决了这个危机呢？

老板看着孩子这样说道："天哪，您可爱的儿子一周内长得真高呀！"

这样，老板就把衣服缩水的原因归结于孩子个子长高的缘故了。老板真是一位有才智又有口才的人。

故事中，虽然老板刚开始欺骗顾客卖出了衣服是很无理的事情，但是要是连自己都不知道某件事情要发生时，这种机智就可以帮他解决危机了。大家在日常生活中，也可以学学老板这种口才与机智，但是首先我们的立场要正直，这样才能更有说服力。

科学家有祖国

　　郦云鹤出生在旧社会，她是一个贫苦农民家的女儿，后来家乡遭灾害，一家人流落到他方。小小年纪的郦云鹤就去给大户人家当佣人。在旧中国，主人家一般瞧不起佣人。郦云鹤想认字，请求那家小姐每天教自己认一个字，竟被那小姐斥骂了一顿。后来郦云鹤进了一所公益学校。令人大吃一惊的是，这位出身贫寒的女孩子学习非常好，不但上了中学、大学，还取得了留学美国的资格，成了著名的麻纺学博士。

　　郦云鹤回国后，立志要在麻纺织业上做出成绩，改变中国的落后面貌。我们现在经常穿的麻织品又结实又美观，我国的麻纺工业也十分发达，这和郦云鹤的辛勤工作是分不开的。她为祖国的富强做出了切切实实的贡献，也实现了年轻时立下的志愿。

　　无独有偶，著名桥梁专家茅以升在1916年20岁时，到美国留学，成为康奈尔大学桥梁专业的研究生，很快以优异的成绩获得硕士学位。为了获得实践的机会，他晚上上课，攻读博士学位，白天到一家桥梁公司实习，亲手绘图、切削钢件、打铆钉、刷油漆，终于成了一个既懂理论又有技术的人才。美国人很佩服他，一份份聘书从各地寄来，请他担任工程师。

但是，茅以升没有接受聘请，而是决定回国了。美国有些人劝他："科学是没有祖国的，是超越国界的。科学家的贡献是属于全人类的。中国条件差，你留在美国贡献会更大。"茅以升回答："科学虽然没有祖国，但是科学家是有祖国的。我是一个中国人，我的祖国更需要我。我要回去为祖国服务！"

1919年，茅以升带着一身本领回到国内，开始了为国造桥的事业。现在浙江省钱塘江上那座雄伟壮观的大桥，就是茅以升设计并主持建造的。

热爱祖国，是我们每个人应尽的义务和责任，每一个有风度、有气节的人，都应该是一个爱国的人。

为什么不挂中国国旗

我国的老革命家吴玉章，从小就有强烈的民族自尊心。年轻的时候，他到日本留学，在一所学校里读书。1904年元旦那天，学校把世界各国的国旗都挂出来庆贺，可是没挂中国国旗。吴玉章气愤极了，带着中国学生找到校方负责人，提出抗议说："为什么不挂中国国旗？学校如果不道歉，不纠正错误，我们就罢课，绝食。"校方不满意地说："平日我们对你那么好，你家经济困难，我们不催你缴学费，还发给你零花钱，你为什么带头反对学校？"吴玉章严肃地说："学校对我好，我很感谢。但是挂旗这件事是关系国家荣辱的大事。我不能不誓死力争啊！"校方只好承认了错误。

10年以后，吴玉章已经成为一个革命家了。有一次出国，他坐在日本的轮船上，正好又赶上元旦。船上挂起万国旗庆贺，可仍然没挂中国国旗。吴玉章记起10年前的那件事，痛心地想：祖国贫弱，政府无能，被外国人瞧不起，挂国旗也想不到中国！可我是中国人，能眼看祖国的尊严受到伤害却视而不见吗？于是，他毫不犹豫地带领船上的中国同胞向船长提出抗议。船长见中国人这样爱国，又这样心齐，慌忙赔礼道了歉。

冯玉祥是著名的爱国将领。他当年担任陕西督军的时候，一次接待了两个外国人。他很有礼貌地请他们坐下谈话。两个外国人打开旅行袋，拿出一块新鲜的野牛肉，要送给冯玉祥。冯玉祥问："哪里弄来的野牛肉？"外国人回答："是我们在终南山打猎打来的。野牛凶得很，不好打。"冯玉祥皱起了眉头："你们到终南山打猎，和谁打过招呼？领过许可证吗？"外国人忙说："我们打的是野牛，没有主人，用不着和谁打招呼。"冯玉祥沉下脸说："终南山在我们中国，是我国的领土。野牛生在这里，自然归我国所有，怎么说没有主人？你们不经允许，私自猎牛，这是犯法的！我作为地方官，有保护国家主权的责任。你们在中国就要守中国的规矩，不能蛮不讲理！"两个外国人理屈词穷，只得承认做了错事。

如何跟外国人打交道呢？一方面要有礼貌，尊重人家的国格，尊重人家的各种习惯，另一方面也要维护我们的国格国法。盲目排外和崇洋媚外都是错误的。

卧冰求鲤

有一个做了大官的大孝子，封官晋爵，备受尊崇，他就是王祥。王祥很小的时候，生母不幸病故。他的父亲续娶了一房妻子，就是王祥的后母朱氏。后母不喜欢王祥，生怕未来王祥长大后，会多分家产，于是总是在父亲面前诋毁王祥。三番五次，父亲相信了朱氏的谗言，对王祥有了成见，慢慢地开始疏远王祥。王祥亡了生母，又失去父爱，在家中更没有什么地位可言了。

可是，王祥生性至孝，总认为会用自己的孝心感动父母，挽回亲情。每当王祥受到不公平待遇，他总是宽慰自己：一家人应该和和睦睦才对，我吃点儿苦头也不算什么。因此，无论父母如何偏心他都从无怨言，对待父母毕恭毕敬倾心侍奉。

一个寒冷的冬日，朱氏得了重病突然想吃鲜鱼。当时正值隆冬，北风呼呼、天寒地冻，江河湖海都结了冰，哪里来的鲜鱼呢？

至孝的王祥为了能让继母满足，想破了头，跑断了腿也没买到鲜鱼。最后他一咬牙，"用我的体温融化寒冰，钓两条鲜鱼给娘吃！"他不畏严寒，毅然来到河边，迎着寒风脱去外衣，躺倒在冰上，用自己身体的体温去融化那冻得坚硬厚实的冰层。刺骨的寒冰冷得他牙关打颤，全身颤抖，但他仍然强忍着、忍着……渐渐地他身下的冰开始融化了，而他已冻得毫无知觉、麻木不堪。也许是老天也被王祥的孝心感动，这时奇迹出现了：伴随着"咔咔"两声脆响之后，冰面自动裂开了一条缝，两条活蹦乱跳的鲤鱼跃出水面，在冰面上挣扎着要往水里游。王祥看见了，大喜过望，赶紧扑过去捉住鲤鱼。捉住鲤鱼的王祥顾不得穿上衣服，就连忙往家赶，他用最快的时间给后母做了一碗鲜美可口的鲤鱼汤。看着后母吃得津津有味的，他心里感到莫大的宽慰和幸福。

这个故事是我国二十四孝故事之一，是否真实我们无法判断，但是故事中所体现的亲情让我们震撼。作为儿女，我们不必像故事中的一祥那样卧冰求鲤，我们只要全心全意，尽自己的能力孝敬父母，即使送上一粒糖果，递上一盆洗脚水，他们也能感受到你的心意。

陈毅探母

陈毅元帅是我国杰出的军事家、政治家、诗人。新中国成立后，他身担数职，日夜操劳，根本没有时间顾及家庭。一次他陪同周总理出国访问，回来的路上，正好路过自己的家乡，虽然他很思念自己的母亲，但是一想到还有很多工作要做，就咬咬牙，硬撑着不回去探望身患重病的老母亲。

"陈毅啊，到你的老家了！我们不能因为工作而忘了家庭。你回家呆几天，好好陪陪老母亲！"周总理看出陈毅的思乡之情，忍不住劝了陈毅几句。

陈毅高兴地答应了。其实陈毅的母亲身体非常不好，瘫痪在床多年，大小便不能自理。每天都会在自己的裤子里面垫一条尿裤，由专人为她清洗。

望着突然回家的儿子，母亲除了高兴，还是高兴。刚要招呼儿子到自己跟前来，可是一想到刚才换下来的尿裤还没有收拾，就赶紧指使人把尿裤藏在了床底下。

陈毅看到自己久别的母亲卧在床上，心里很激动，快步走到床边拉着母亲的手，不停地问着问题，问过饮食，问用药，问过用药，问起居，就好像小时候向母亲请教问题一般，问题多个没完。

当滔滔不绝的问题问完了，陈毅看出母亲有些累了。可是有一个问题他始终没有问，他对母亲说："娘，我刚要进门时，看到你想和我打招呼，后来又招呼人把什么东西藏到床底下了。有什么东西是不能让儿子知道的？还得把它藏起来？"

母亲知道儿子是担心自己，也知道这件事瞒不过去，只好害羞地说出了实情。陈毅一听连忙说："娘，孩子对不起您，您身患重病，儿子却不能在身边尽孝，心里真的很难过，这裤子没必要藏着，就应该做儿子的去洗，我这就去打水。"母亲听了很为难，手下人一听，也不敢让元帅做这种活儿，就连忙拿走尿裤，抢着去洗。陈毅一看，急忙挡住手下人，并对母亲说："娘，在我还小的时候，您一天不知道为我洗多少条尿裤，今天我就是洗上10条尿裤，也报答不了您的养育之恩！"说完，陈毅就把尿裤和其他脏了的衣服放在盆里，认真地洗了起来。望着正在洗衣服的陈毅，母亲欣慰地笑了。

无论我们课业多忙，也要多陪陪爸爸妈妈，虽然爸爸妈妈总是督促我们课业重要，但是内心中也希望我们这些"小大人"们能适当和他们撒撒娇，所以，从细小处着手，付出点滴的爱，来温暖我们的亲人吧。记住，男孩子偶尔和爸爸妈妈撒撒娇，不影响风度，也不丢人哦。

冯玉祥买肉敬父

爱国将领冯玉祥将军家境贫寒，没受过什么教育，但是冯玉祥从小就很懂事，为了减轻家人负担，小小年纪就入伍当了兵。

当时，冯玉祥所在的部队一般逢三、五日发放军饷，五、十日练习打靶射击。练习打靶射击是一件非常辛苦的差事，部队为了能够提高实力，要求士兵们不管严冬酷暑，刮风下雨，都要一动不动地伏在地上，有时一伏就是半天。起身时，浑身就像散了架子似的，所以打靶射击成了部队里最让人畏惧的一项训练。

父亲冯有茂心疼儿子年纪太小，身子骨太弱，每次到了练习打靶射击的日子，总是往他的兜子里塞一些小钱，让他买点儿好吃的补补，不至于累坏身体。

冯玉祥接过父亲塞过来的钱，心里却总在犯寻思，家里太过于清贫，没有多少钱过日子，前几天父亲骑马时无意中又摔坏了腿，请医用药花掉了不少钱，而且父亲调养身体需要营养补充，还需要大笔的钱，这钱，自己怎么舍得花呢？

于是，打靶练习结束后，他拿着父亲给自己的钱，还有自己节省出来的一点儿饷银，凑足二十多个钱，到菜市买了二斤猪肉带回家里，亲自下厨，做了一锅香喷喷的红烧肉。

到了晚上，忙碌了一天的父亲拖着伤腿回到了家，顺着红烧肉的香味来到厨房，发现锅里炖着的红烧肉，心里十分纳闷，就问站在灶台前的冯玉祥："儿啊，哪儿来的肉啊？"

冯玉祥笑着说："你就好好吃吧，这肉的来历很清白。"

可生性正直的冯有茂坚持要问个明白，才肯吃肉。万般无奈之下，冯玉祥只好说出了实情。得知实情的父亲热泪盈眶！

这件事过后的20年，冯玉祥还总是对身边人提起，诗兴来了还写了一首有趣的打油诗！

"肥肉二斤买回家，手自炖熟奉吾父。家贫得肉良非易，老父食之儿蹈舞。"

古有二十四孝，今有冯玉祥。很多成功人士身上都发生过自食其力，最后成功的故事。不做家里的小皇帝，长大了更不能做啃老族，让我们成为一个能够自食其力的人吧。

七年的奴仆

一个落魄的退伍士兵在森林中遇到了魔鬼。魔鬼对士兵说："如果你做我的仆人7年，你今生今世都会富有。"

士兵同意了魔鬼的要求，跟着魔鬼来到了地狱里。魔鬼跟士兵说："你每天都有很多事情要做，我要吃锅里煮着的烧肉，所以你负责往锅下加柴；我喜欢干净，所以你负责打扫卫生并把垃圾放到门后，保持各处整洁。这样你的工作就算完成了。但是，锅里的东西如果你敢偷吃的话，你就会很倒霉，我会把你变成一只老鼠，丢在火盆里。"

士兵开始着手他的新任务，添柴，打扫卫生，一切都按魔鬼所吩咐的认真去做。魔鬼很满意士兵的认真态度，高高兴兴地出门去了。趁着魔鬼不在，士兵才有胆子仔细打量周围的环境：阴冷潮湿的地狱架着一口口大锅，锅下燃着噼里啪啦响的柴火，锅里煮得也不知道是什么肉咕嘟咕嘟冒着泡，烧肉的味道也非常香，要不是魔鬼特别关照，说什么他也得瞅瞅里面有什么，并偷吃一口。

　　每天都是如此，时间过得很快，士兵在地狱里给魔鬼做了7年仆人。当7年时间期满时，魔鬼走过来说："喂，士兵，跟我说说，你这7年都做了些什么？"

　　"我每天都是烧火，扫地，收拾垃圾，并把垃圾倒在门后边。""嗯，不错，我对你这7年的工作很满意。现在我要问你，你的服务期限到了，你想回家吗？""是的，我非常想回家。"士兵连忙回答道："我非常想念我的父亲，7年没回家，我很想回去看看我的父亲身体是否健康，活得是否快乐，是否还是那样贫穷。"

　　魔鬼说："你所挣的酬劳就是门后的垃圾，你去把你的背袋装满垃圾带回家。"士兵没吭声，就照着魔鬼说的去做了，但他对得到的报酬一点也不满意。

　　一来到树林里，他就从背上取下背包准备倒空。可一打开包，发现里面的垃圾全变成了金子。"真没想到！"他成了一个富人，和父亲一起快乐地生活着。

　　士兵在这里完成了7年之约，信守承诺。我们要做个有风度的男孩，更要一诺千金，万事考虑清楚，然后再下决定。从容不迫，却又注重承诺。相信你的品行，会受到周围人的赞许。

饺子边儿

　　大财主周扒皮的儿子周才很懒很笨，什么事情都不愿意做。而且又长了一张天底下最馋的嘴，什么好吃吃什么。

　　周才最喜欢吃的就是厨师刘大爷包的全猪肉馅饺子。刘大爷包的饺子皮薄馅大，一口咬下去，里面的肉汤和着肥肉，又香又腻，怎么吃都吃不够。周才一次能吃50个水饺，而且天天吃，顿顿吃。可是他吃饺子有个习惯，就是吃饺子时只吃有馅儿的饺子肚儿，因为没馅儿的饺子边儿不好吃，他就把饺子边儿吐到一边，每一顿他吃过饺子后，都会剩下几盘子饺子边儿。而穷苦人家出身的刘大爷最看不惯周才的这种浪费习惯，每次周才吃完饺子出去遛食儿，刘大爷都默默地收起这些饺子边儿，拿到后厨房去晒干，然后装在一个布口袋里收藏好。几年过去了，周才吃剩下的饺子边儿居然攒了好几口袋。

　　好景不长，周扒皮死了之后，周才当家做主，可是他什么也不会干，成天好吃懒做，坐吃山空，没几年的时间，偌大的家产被他败干净，无依无靠的周才被赶到大街上，沦落成乞丐。周围的村民都受到过周扒皮的欺负，都不愿意帮助他，只有刘大爷念着自己伺候过周才，心里面可怜他，就把周才接到了家里。每天，刘大爷都把以前存的饺子边儿泡水拿给周才吃。

周才吃着汤里的饺子边儿，只觉得上面微微沾着油、还有肉的香气，非常好吃，每顿都能吃一大碗。日子久了，周才看到每天刘大爷都能给自己吃美味的饺子边儿，就问他："刘大爷，您的日子也不富裕，怎么能有这么多美味的食物给我吃呢？"刘大爷就带他来到厨房，指着六七个布口袋说："这里面，都是当初你吃剩下的饺子边儿，我只不过是把你吃剩的收集起来，现在又给你吃而已。"

铺张浪费、好吃懒做是我们男孩子最大的敌人。未来的男孩会成为家庭的主心骨，什么也不会干，且好吃懒做，可能会让我们身边的人感到伤心。所以自食其力，从身边的家务事开始吧！

寻找丢失的书

　　一个埋头认真的男孩，在所有同学中，最快完成了作业，为了不给其他没完成作业的孩子带来压力，老师决定给这个无所事事的孩子找些事情做。可是做些什么工作好呢？老师突然想起几天前听到图书管理员抱怨说："需要核实一些书目卡片是否夹错了地方，可是光凭我自己是完不成这项工作的。"于是就想让男孩去给图书管理员帮忙。

　　望着到处都是的卡片，男孩没有退缩，只是兴致勃勃地问老师："这有点像我们经常玩的找碴游戏啊？我最愿意玩这种侦探游戏了！"

　　男孩干劲儿十足，认真专注的样子就跟福尔摩斯一样，他废寝忘食地干着。到学校放学时，男孩已经发现两本夹错卡片的书了。

　　第二天天刚蒙蒙亮，男孩早早就到了学校，因为他昨天的工作没有完成，他要用今天一天时间把所有夹错卡片的书找出来。

　　一天的时间过去了，劳累不堪的男孩核实了所有的卡片。充满成就感的男孩问老师："我做的是否够好？我能成为一名真正的图书管理员吗？"老师望着他，坚定地说："你现在就是图书管理员了！而且是一位让人骄傲的管理员。"

一个月后，由于父亲工作的关系，男孩需要转学。随着时间慢慢流逝，老师开始想念这个做事认真的男孩，只有当男孩不在这里时，才能发现他的与众不同。几天后，男孩突然出现在了老师面前。原来，他所转去的学校，不允许学生到图书馆干活儿，这让男孩很不开心。妈妈看出了男孩内心的苦闷，就又把他转回原来的学校。"这下，我又可以找那些遗失的书了。"

看着一脸雀跃的男孩，老师心里暗想："我笃信这个做事专心致志的孩子，将来一定可以实现自己的任何目标。"

在追求成功的路上拼命奔波，不顾风度的我们，是否可以学学故事中的这个男孩？以他为镜子，让成功的潜质得到最大限度的挖掘和发挥。

农夫和贵族

奥地利有一个挨近森林的村子，村子旁边有一条小溪，是用来给磨坊引水的。村子里的农民很聪明、也很勤劳。他们更爱开玩笑和冒险。他们的名声传遍了奥地利，很多人都到他们村庄寻找智慧。

一次，一位睿智的贵族来到了这里，他正好看到农夫们在大路上围坐一圈儿，把脚交叉在一起。贵族很好奇，就问他们到底是怎么了？一个农夫说："我们找不到自己的脚了，所以发生了争吵，这位尊贵的大人，您是否能帮我们找到自己的脚呢？如果可以，我们将会感激不尽！"

贵族笑了笑，拔出了随身佩戴的长剑，用剑尖轻轻地刺农民们的脚，刺到谁了，谁就跳了起来。农夫们都很佩服贵族，答应送给贵族一袋谷子。可是贵族回到自己的城堡后，叫人做了一个可以装下大象的口袋，把农夫们惊个目瞪口呆。可他们已经答应了贵族，又怕不给会引起贵族的报复，只好忍气吞声装满了一口袋谷子。但是，这些农夫是很记仇的，他们把谷子运到了贵族的家门口，说："大人，我们把谷子给您送来了。我们在来的路上看到您的森林很是茂密，是否允许我们砍几棵树回去盖房子用呢？"贵族答应了他们的要求。

农夫们又说："我们看到您森林的树都是那样的高大，我们不好运输，是否允许我们在森林里开辟一条路，把这棵树运回去呢？"

贵族又答应了他们的要求。

农民们又说："大人，我们因为要修路，不得不多砍下阻挡我们修路的树木，这些被砍下的树木，是否我们也可以运回去呢？"贵族答应了。

这些农夫们把砍伐下来的大树横着摆放在两辆马车上。这棵树太高大了，农夫们小心翼翼地拉着它，穿过整个森林，把这棵树碰到的所有树木，统统砍掉，运回了村里。这样，贵族的森林被砍光了，而农夫们呢，不但弥补了上回所受的损失，还占了个大大的便宜。

我们聪明吗？是的，我们每个人都很聪明，但是我们不能因为自己聪明就去轻视别人，我们的智慧不能乱用，如果滥用我们的智慧，也许带给我们的将会是一场灾难。

谁是你最讨厌的人

生活就像一面镜子，时刻映照着我们的心灵。我们想做怎样的人，与什么样的人相处，想生活在什么样的一个环境，需要我们细心思考了。

如果一个学生，处在一个和睦的班集体中，我想他会生活得非常快乐。但是如果处在彼此不和睦的班级里，他会怎样？我想，经常会因为一些鸡毛蒜皮的小事而爆发矛盾。战争和不和睦的阴影会时刻笼罩在这个班级。

拉斯维加斯州立中学有个班级就是这样，同学之间彼此对立仇视，经常会因为一些小事而激烈争吵。他们的班主任已经无法忍受自己班级的状态。在一天上课时，他发给每人一张小纸条，纸条虽然不大，却可以写下全班所有人的姓名。

班主任要求全班同学在30秒内用最快的速度写出他们班级谁是他们最不喜欢的人。

30秒时间转瞬即逝，在这30秒内，有的同学仅能想起一个自己不喜欢的人，而有的同学却能列下全班半数人的名字。还有的人小声嘟囔着："我讨厌全班所有的人，包括班主任。"

"好的，大家请停笔。"班主任走到同学面前将纸条一一收了上来。放学后，班主任对所有纸条进行了统计分析。等分析完毕之后，他发现，列出不喜欢的人数目最多的那些个，自己正是班级中最不受众人待见的那几个。而那些没有特别不喜欢的人，或者不喜欢的人特别少的那些个，也是班级中人缘最好的那些个，很少有人讨厌他们。于是，老师得出了一个结论：大体而言，同学们对别人进行的评判，其实就如照镜子一般，是对自己的评判。

人与人交往真是一件很奇妙的事情。彼此交往的关系就像照镜子一样，你敬他三分，他就回敬你三分。别人对我们的态度如何，正好反映出我们这个人如何。当我们释放友善时，别人会乐于接纳我们。但当我们心存恶意的时候，别人也很难真心接受我们。所以我们想做一个有风度的男孩，身处在一个很有绅士风度的环境中，就要对人有风度，这样别人也会对我们有风度。

爬行的校长

　　美国犹他州有一个小学校长，为学校的老师和孩子们不愿意读书而心痛。他为了激励全校师生的读书热情，花重金在当地发行量最大的报纸上发布了这样一条新闻："致我所爱的老师与孩子们，我与你们发起一个赌约：如果你们在11月9日前读书20万页，我将在9日那天爬行上班。"

　　全校师生接受了挑战，他们刻苦读书，终于在11月9日前读完了20万页书。有当地媒体记者打电话问校长说话算不算数，校长回答："当然！等着瞧吧。"

　　11月9日早晨7点，天下着大雪，校长穿着厚厚的棉服，带着厚厚的手套，开始爬行前进，他要履行自己的赌约！他要用行动给孩子上一堂信守承诺的课。为了安全和不影响交通，他不在公路上爬，而是在路边的草地上爬。过往汽车向他鸣笛致敬，有的学生索性和校长一起爬。

　　经过3个小时的爬行，校长磨破了5副手套，护膝也磨破了，但他终于到了学校，全校师生夹道欢迎自己心爱的校长。当校长从地上站起来时，孩子们蜂拥而上，抱他，吻他……

从故事中看去，好像爬行的校长丢失了风度，弄得自己很狼狈，但是正是因为他信守承诺，反而更体现了他的风度。

终究会被沙土封住的计划

从前，中东地区有一位名叫土曼的商人，他很聪明，也很努力，年纪轻轻就成为波斯帝国最富有的大富商，拥有数不尽的地产和葡萄园，还拥有一队由50名仆人、150头骆驼组成的商队。虽然他的事业很成功，在波斯帝国也拥有很高的知名度，但是他还是喜欢炫耀自己的财富。

一天晚上，一位儿时一起长大的朋友来到他位于海边的庄园拜访他，土曼和他聊了整整一夜，话题都与自己的财富有关。

土曼说："我的产业遍布各地，大地上任何地方都有我的生意。大海上驰骋的每一条货船，都会运送一些我的商号的商品。我在土耳其还有一批存货；印度最新出的铁矿也全部被我买下，正在等待装船；我手里还有很多商号的抵押单；这些是我最新买的庄园的地契……"

不等朋友说些什么，他又接着说："最近生意太多，我觉得很累。忙过这阵子，我打算到亚历山大里亚去住一阵，那边空气清新、风景优美，对我调养身体非常有帮助，唯一不足的地方就是地中海风浪太大，现在过去风险太大，还得再等一阵子才能出发。我只想再做一次旅行，完成旅行以后就淡出商业圈，修身养性，平淡过日子直到终老，不再外出经商了。"

朋友这时说话了，他问土曼："你怎么安排你的旅行计划？"

土曼舔舔嘴唇，说了这么多话，他的嘴唇有些干。他说："之前去中国行商的商人们回来跟我说，硫黄在中国是稀缺物品，价格很不错。我打算把波斯的硫黄带到中国，在中国收购一批瓷器，并把瓷器带到希腊，在希腊可以收购一些绸缎，并把这些绸缎带到印度。你也知道印度的铁矿很便宜，我多买些带到阿勒颇，那里缺铁。再把阿勒颇的玻璃制品带到也门，再从也门把花布带回波斯。等我把花布卖完后，就待在这所庄园，不再出外旅行了。"

土曼越说越兴奋，激动得边说话边在屋子里转圈儿走。他一直说到声嘶力竭，最后对他的朋友说道："你觉得我的计划怎么样？"

朋友听得目瞪口呆，好久才说出一句话来："埋在沙漠里的商人在死前曾经留下一句话。他说：'贪婪的眼睛如果不能回转，终究会被沙土封住。'"

要做一个有风度的人，男孩们就要学会抵制身边会时常出现的一些诱惑，认清自己该要什么，不该要什么。都说欲望会激发人类积极向上的动力，但我们首先要清晰知道自己的条件和所要达成的目标，在进步的条件下，可以尽量使欲望得到满足；但在退步的状态下，就要努力节制欲望，不能使之继续膨胀。

触动人心的幽谷

　　一个幽谷的断崖上长出了一株小小的百合花。虽然百合花小时候长得很像杂草。但是，百合花心里面知道自己到底是什么花种。它清晰地知道："我是一株百合，虽然长得像野草。但是当我开出美丽的花朵时，别人都知道我是百合花。"

　　每天，百合花都在为开出美丽的花朵做准备。它努力地汲取水分和阳光，深深地扎根，直直地挺着胸膛。

　　功夫不负苦心花，当春天到来之际，百合的头上结出第一个花苞。百合花所做的努力没有白费，它暗暗窃喜着。而百合花的那些邻居、附近的杂草们却很不屑，它们每天都在私底下笑话百合花："这家伙太不知道自己是谁了，杂草就是杂草，非装成是一朵花。我就说它脑袋有问题，明明是脑袋里长了一个瘤，还非得说是一个花骨朵……"

　　杂草们越说越觉得有理，它们觉得百合花脑袋坏掉了，就公开嘲笑它："嘿，兄弟，该醒醒了你，你不是一朵花。就算你会开花，别忘了这是一个人迹罕至的幽谷断崖……"

　　偶尔飞到幽谷觅食的蜂蝶鸟雀，也会劝劝百合："在这断崖边上，没有人来欣赏你开的花的，所以放弃吧！"

　　百合说："我要开花，是因为我清楚地知道我是谁，是因为我知道我能开出美丽的花。开花，是一朵花的使命，是我存在世间的价值。我要开花，我要以花来证明自己的存在。不管你们怎么劝我，我都要开花，因为我就是一朵花!"

　　在野草的鄙视和蜂蝶的叹息声中，百合释放出自己内心的全部能量，它一直在坚持着、努力着……直到有一天，它终于开花了。它那毫无瑕疵、充满灵性的白和秀挺的卓越身姿，成为幽谷断崖上最美丽的风景。这时候，野草尴尬地闭住了嘴，蜂蝶高兴地在断崖上飞舞。

　　百合花一朵接一朵地绽放，每一朵花上总是有着点点晶莹的水珠，大家都以为那是昨夜的露珠，只有百合花自己知道，那是压抑许久的心爆发出的欢喜的泪滴。

　　一年又一年，百合花努力地绽放，拼命地结籽。它的种子随风飘落，落在幽谷，落在草原，也落在断崖边上，那里到处都是绽放的百合。

　　几十年匆匆而过，幽谷百合的美名传遍了各地。远在千里之外的人，从城市，从农村，赶来欣赏百合开花。

　　幼稚的小孩跪下来，嗅着百合花的香气；许多情侣花海盟约，许下了"百年之好"的誓言；无数的人看到这遍地的美，感动得落泪，触动内心那纯净温柔的一角。那里，被人称为"百合幽谷"。

　　不管别人怎样赞赏，满山的百合花都谨记着第一株百合的教导："我们是花，所以我们要开花。我们要以花来证明自己的存在。"

也许我们在做事情的时候，总会遭到别人的冷嘲热讽。面对外来的压力，我们唯一能做的就是认清自己、肯定自己，绝不轻易倒下。

强大的泡泡王

哗哗哗，一阵疾风骤雨袭击了郊外的鱼塘。雨过天晴之后，鱼塘的水面上漂起了一串串的小水泡，不知道这是大雨送给鱼塘的珍珠项链，还是大雨袭击鱼塘，打哭了鱼塘所流的眼泪……

这些水泡们在微风的徐徐推动下，慢慢地在水面漂浮着，渐渐地有些水泡挤在了一起，抱团形成更大的水泡，而大水泡们渐渐地把周围的小水泡都吞噬掉，让自己的体型更庞大。

其中一个大水泡在水面上横着晃荡着，很有不服天下英雄的气魄。只见它左晃晃，轻轻松松吞噬了身旁的一个小水泡；右晃晃，又吞噬了一个，它就像一只饕餮，总是饥渴地吞吃周围的水泡……它一个个地吞噬同伴的同时，它的身体也一点点地膨胀着，终于它成为了池塘中最大的水泡。这时，大水泡有些飘飘然了……

它对着周围还没有被吞噬掉的小水泡们说："哇哈哈哈，我太伟大、太强壮了，迟早我会征服整个池塘，我是这个池塘最勇武的泡泡之王！而你们这些小不点儿必须臣服于我，做我的子民，对我的命令言听计从。我的话就是圣旨，如果谁敢冒犯我，我就将它吞噬，变成我身体的一部分……"

一个与它一起出生的小水泡实在听不下去了，鼓起勇气劝告它说："我最亲爱的大水泡，你不能再这样霸道了。这样下去你会把自己毁掉的!"

"可恶，你只是一个与我一起出生的小不点儿，不要因为与我一起出生，就对我指手画脚!我可是泡泡之王！"

对于小水泡的直言，大水泡感到既可笑又愤怒。"不要用朋友的口吻和我说话，你只是个卑贱的小水泡，既然对我如此不敬，我就拿你问罪，让其他人看看反抗我的下场是如何凄惨吧……"

说着，它愤怒地向小水泡漂了过去。但是，当大水泡腆着圆鼓鼓的大肚子凶狠地逼近小水泡，想要吞灭它的时候，由于大水泡吃得太多，肚子撑得太大，"嘭"的一声，涨破了肚皮，猝然消失了。

如果把《风度修炼》看成一部武林秘笈，那么骄傲和霸道就是让人百尺竿头无法再进一步的不可取因素之一。想成为有风度的男孩，霸道和骄傲是不可取的。因为霸道会伤害到周围的人，骄傲会伤害到自己，切记霸道和骄傲是人生发展的大敌。

士兵和修女

　　一位军校毕业的年轻炮兵军官上任后的第一天，就是去训练场看炮兵们的打靶情况。结果他发现了一个很有趣的问题：当炮手确定目标，调好角度并点着导火索发射炮弹时，总有一个士兵自始至终站在大炮的炮筒下，无论炮火的声音是多么巨大，他就像一根木桩一样，纹丝不动定在那里。

　　当训练停止后，军官走上前去很好奇地询问士兵："你为什么要站在炮筒底下呢？"

　　士兵行了个军礼："报告长官，操练条例上就是这样规定的。"

　　这个回答让军官摸不到头脑，他回到自己的军营后，就开始阅读操练条例，想弄清楚这到底是怎么一会儿事。原来，操练条例遵循从前青铜火炮时代的规则，那个时代火炮又重又笨，移动十分不方便，必须用马车才能拉动。站在炮筒下的士兵的任务就是拉住马的缰绳，以便大炮发射后能够纹丝不动，减少后坐力产生的射击距离偏差，这样就不用再次瞄准了。而现在大炮经过多年的改良，已经不需要马车拉动，也就不需要拉马车的士兵了，而训练条例没有做出及时调整，结果出现了这一乌龙情况。

无独有偶，当一位年轻的、虔诚的天主教修女进入巴黎的一所修道院侍奉后，每天除了诵经祷告以外，她做的只有编织挂毯的工作。刚开始她还能够忍耐，可是一连做了两三个月后，她丧失了所有的耐心。当她完成了编织挂毯的工作，无法理解自己工作的年轻修女忍不住抱怨道："神所给我的指示让我很是迷茫，我天天用黄色的丝线编织，织出来的东西完全看不出是用来做什么的。这是在浪费我的时间和生命，我要离开这里。"

在一旁的老修女听到她的抱怨，便对她说："你跟我来！"说完，老修女带她来到旁边的工作室，那里铺着一张完整的挂毯，年轻的修女激动得流下了眼泪，原来她看到的是一幅庄严肃穆的《三王来朝》图。老修女说："孩子，你的工作并没有浪费，其实你织的那部分恰恰是最重要的一部分。你用黄线织出来的那一部分挂毯就是圣婴头上的光环！"年轻的修女这才知道她觉得是浪费时间、没有意义的工作竟然是这么的伟大。

当我们对自己所做的事情不重视时，往往会有所轻慢，那么就很难成功。即便靠着运气成功了，也不会有多大成就感。

贬值的金币

从前有一个小山村，住着一个叫十兵卫的农夫，靠给地主家种地生活。他受着地主的盘剥，辛勤劳动，日日做工总不得闲，还总是填不饱肚子。他生活得很艰苦，靠每天东家给的几个铜板过日子。

十兵卫曾经向上天祈求："苍天啊，求你开开眼，让我捡到一枚银币！不，让我捡到一枚金币，从此过上好日子吧！"可是苍天并没有回应他的祈求，他仍然过得很穷苦。

一天，他在耕田的时候，挖出来一枚很稀有的金币，由于年代有些久远，上面有些污渍，还显得很脏很旧。

"感谢苍天，我发财啦！"捡到金币的十兵卫欣喜若狂，他兴奋地跑回家，向全村的人炫耀自己捡到了一枚金币。要知道，在他那个时代，一枚金币可以让他什么也不干、舒舒服服过3年好日子。听到十兵卫捡到金币这个消息，全村的人都跑了过来，轮班欣赏这枚有些脏的宝贝。他们有些人露出了羡慕的表情，还有一些人很懊恼，为什么这枚金币不让自己拾到呢。

　　这时，一位路过的富商听说十兵卫捡到了一枚稀有的金币，也凑热闹过来看看。他把金币拿到手里看了看，觉得确实很有收藏价值，就准备出高价收购。对于富商的报价，十兵卫也没说卖与不卖，只是说想回家考虑考虑，其实他是想卖个更高的价钱。

　　回到家里后，他抱着金币亲了又亲，比对自己的孩子还要喜爱。他又看了看金币上面的污渍，就想，这枚金币脏脏的就能卖出很高的价钱，要是我把它弄干净，把上面的污渍都去掉，这枚金币的价值不就更高了吗？于是，他找来了砂纸和清理金币用的工具，用一个晚上的时间，细心擦拭金币，但是随着污渍的落下，一些细微的金属也掉了下来。终于金币恢复了原貌，发出了耀眼的光芒，农夫看着金币，仿佛看到无数的铜板向自己飞来一样。

　　第二天，农夫把崭新的金币拿给富商看，他以为富商会给更高的价钱。没想到富商掂了掂手里的金币，摇了摇头，皱着眉头说："重量降低了，价值也就随之降低了！"

　　故事中，农夫怀疑自己金币的价值，而让金币贬值。男孩子，你是否有过因为看轻自己而让自己大受亏损的经历呢？试着保持自己的本色吧，如果你相信自己会成为一个有风度的男孩，那就不要怀疑自己的价值，去努力实现它吧。

被击倒101次的勇气

"哦，不，约翰，我对你太失望了！你怎么一点儿也不像个男子汉。你已经17岁了。像你这么大的时候，我已经能单独出去跑船了！"一位当船长的父亲对自己的儿子约翰很苦恼。约翰已经17岁了，却没有一点儿男孩子的气概，父亲很不放心把自己心爱的玛丽号邮轮交给他来继承。但是，对于自己唯一的儿子，父亲一点儿办法也没有。有朋友劝约翰的父亲说："送约翰去学拳击怎么样？通过学习激烈的搏击运动，也许能培养出约翰的血性。正好我认识一位很不错的拳击教练……"

有病乱投医的父亲把约翰送到了拳击教练那里，希望教练能把自己的儿子塑造成一个顶天立地的男子汉。教练说："你得签一份合同，同意我这半年对他进行任何形式的严格训练，并且你这半年不能来看他，半年后，我一定把约翰训练成一个真正的男子汉！"

虽然很不放心儿子的安全，但是为了能把约翰培养成才，他还是签约了。

半年后，父亲迫不及待地来接约翰。"嘿，教练，我的儿子现在怎么样了？很血性、很男子汉吧？"

教练微笑着说："我正好安排了一场拳击比赛，来看看约翰这半年的训练成果吧！"

与约翰对打的是拳击高手彼得。只见彼得一挥拳，约翰就被打倒在地。但是约翰一倒地就立刻站了起来继续战斗。倒下去又站起来……一共倒下了101次。父亲有些不忍心看约翰挨打了，这时教练问他："你觉得约翰达到你的标准了吗？他是不是一名男子汉？"

父亲愤怒地回答："你让我怎么回答你的问题？这半年来他还是这么弱不禁风，这么轻易就被别人击倒，你告诉我，他哪里像个男子汉？这半年的训练让我很失望！"

教练深深地看了父亲一眼："您还是不了解你的孩子，你只看到了表面的胜负，却没有看到约翰倒下去又站起来的勇气和毅力。好战斗勇是狂莽，而这种勇气和毅力，才是真正的男子汉气概！"

有风度的男孩绝对不是弱不禁风的奶油小生，更不是好战斗勇的热血战士。勇气是人类最宝贵的一种品格。有风度和有勇气并不冲突，而是相辅相成的。有风度的男孩一定有大勇气、大毅力，他就应该是一个男子汉，阳刚有力而彬彬有礼，勇敢而不失风度。

骑虎的勇士

春秋时期的齐国，有一个叫作赵琦的年轻人，他要到楚国办事。路途遥远，还要经过一座大山，荒郊野外，没有同行的人，所以他感到十分害怕，要是遇到野兽该怎么办呢？临行前，家人叮嘱他说："遇到野兽不必惊慌，尽快爬上树，野兽便不能把你怎么样了。"

赵琦牢记家人的话，一个人就动身前往楚国了。

一路上他小心翼翼，走路一定走在大树底下，生怕出现野兽吃他。时间一长，赵琦并没有看到野兽出没，看来自己和家人的担心是多余的了，他就完全放下心来，脚步也轻松了，心情也变好了。他一边浏览沿途美好的风景，一边吟诗作对，好不快活。正在这时，一只斑斓猛虎向他扑来，于是他连跑带爬地蹿到一棵树上。

老虎没有扑到赵琦，失望地围着树干咆哮，还拼命地往树上跳，试图把赵琦抓下来。赵琦吓得腿都软了，他本来想抱住树干，可是因为太害怕了，一不小心从树上摔了下来，刚好摔在老虎的背上，他只好抱住老虎的身子不松开，而老虎被他一砸，也吓得慌了神，立刻拔腿就跑。

这时，远处过来几个猎人看到这一情景赞叹不已："这个人比咱们厉害多了，别看咱们打了这么多只老虎，却没有一个人能驯服老虎当坐骑，看这个人骑着老虎多威风啊！简直就跟天上的神仙一样，令人羡慕！"

骑在老虎背上的赵琦听了这话，气得直翻白眼，他苦笑着说："你看我威风是威风了，快活是快活了，却不知道我多想从老虎的背上活着下来。我心里十分恐惧，怕得要死呢。几位猎人大哥，快来救命啊！"

看起来，骑着老虎威风凛凛，比骑着哈雷摩托车、开着跑车都帅气，但是骑虎的人的痛苦是我们无法理解的。每个人都有每个人的生活，我们大可不必盲目地羡慕别人。也许你羡慕的那个人说不定也在羡慕你。不要活在羡慕嫉妒的世界里，开阔自己的心胸，真实地生活在自己的世界里，早晚你会闯出自己的天地。

我就是一座"金矿"

　　一个小男孩在戴维斯的店里打杂顺便学做生意。小男孩的父亲到店里买东西，看到儿子正在店里为客人服务，他就问戴维斯："我儿子在您店里表现如何？他有用心学习吗？"

　　戴维斯想了又想："老伙计，你知道我这人不会撒谎。我不想欺骗你，虽然我接下来说的可能会伤到你的心，但是我必须说。你的儿子非常稳重，但是他不是做生意的材料，趁着他还小，早点儿把他带走，学些别的手艺，哪怕是学人家种地、放牛也是好的啊。跟着我，他100年也不会成才的……"

　　男孩的父亲听了之后很失望，就带着儿子回家去了。虽然父亲又把小男孩儿送到了其他手艺人那里学习谋生手艺，可是小男孩还是一无所成。后来父亲带着他来到了芝加哥。

　　在那里，小男孩看到了自己儿时的伙伴，本来很穷的小伙伴们现在都成功了。小男孩突然间好像被人用棒子敲醒了一样，他内心燃起了斗志，"为什么别人行，我就不行？"他暗暗下定决心："别人能做到的，我一定也能做到，而且能做得更好。我是金子，我就该发光！"

正是靠着这种自己一定会成功的信念，虽然在没有明白商场规则时，小男孩吃了无数次暗亏，上了无数次的当，但是小男孩咬着牙坚持了下来。当他的潜能被充分开发出来时，他的经商天赋逐渐显露出来。他的生意也越做越大、越做越顺。小男孩最终成为了全球知名的大商人。他就是马歇尔。

回过头来细想，成长为全球知名商人的马歇尔没有经商天赋吗？只是戴维斯没有发现，而且戴维斯也没有能力发觉这个"金矿"，如果马歇尔一直留在戴维斯的店里当学徒，那么他一辈子也不会成功。

你是有潜力的人吗？其实我们每个人的潜力都是一个大金矿，最终成为什么样的人，就看你如何调动自身的潜能来开创生活。如果我们未来想成为一个风度翩翩、温文尔雅的成功人士，需要发掘的潜力就会很深，因为需要我们学习的东西太多太多，但是靠着我们的头脑和双手，我相信你的未来不是梦。

最后、最好的玉米

克里奥爷爷在他的农庄中种了一片玉米。经过几个月的精心侍弄，这些玉米逐渐成长起来。秋天将至，马上就可以丰收了。

这片玉米中长得籽粒最饱满的玉米酷酷地紧了紧身上的几层绿色外衣："嗨，秋天就要到了，当秋收那天，克里奥爷爷一定最先把我这个最棒的玉米摘走，因为我是你们当中最吸引人的那一个。"周围的玉米听到他的话，都觉得有道理，就随着微风低下了头，随声附和称赞着。

秋收的日子终于到了，克里奥爷爷提着篮子来到农场，他只是看了一眼这根最棒的玉米，就去采摘别的玉米了。

"奇怪，难道我这个最吸引人的玉米没有被发现？还是克里奥爷爷年纪大了，眼神不太好呢？明天克里奥爷爷一定会把我摘走的，我是他地里最棒的玉米！"最棒的玉米骄傲地说道。

第二天，哼着愉快歌曲的克里奥爷爷，勤快地收割了其他所有的玉米，就是没有摘这个最棒的玉米。

"明天，明天克里奥爷爷一定会把我摘下来！"最棒的玉米仍然自我宽慰。

之后的很多天，克里奥爷爷都没有出现……它被摘走的几率越来越小。

最棒的玉米很伤心，它不知道为什么克里奥爷爷不把它摘走。玉米伤心地想："我顶着烈日，把自己白胖的身体变得干瘪坚硬，到了晚上，我又和风雨搏斗，以免被风雨击垮。我努力成为最好的玉米，可是克里奥爷爷不需要我，也许我不是最棒的玉米吧！"

不知不觉中，一只粗糙的大手抚摸在他的身上。是克里奥爷爷，他回来了。克里奥爷爷用一种喜爱的眼神望着它："这是我地里最好的玉米，用它做种子，明年收成一定更好！"现在最棒的玉米才知道克里奥爷爷为什么不摘走，原来是要用它做种子呀！正当它想得出神的时候，克里奥爷爷已经小心翼翼地把它摘了下来！

珍珠需要砥砺，我们的性格需要磨炼。相信自己，只要你有实力和能力，就一定会得到承认。虽然你认识到了风度的重要性，可是让人接受你是个有风度的男孩也需要时间，这是一个过程，往往笑到最后的，才是笑得最甜、最开心的那个。

蜜蜂与苍蝇

蜜蜂和苍蝇都是自然界中的小生灵，人们对它们的评价却是一个在天上，一个在地下。小蜜蜂为植物授粉，为人类酿蜜，可谓饱受美誉。人们也用比蜜还甜来形容美好的生活。而苍蝇呢？整天围绕垃圾打转，苍蝇成了肮脏的代名词，人见人打，人见人厌。

一只刚出生没多久的小苍蝇趴在窗台上，看完电视上播放的除四害的公益广告后，心里很不是滋味。它很不服气，就气呼呼地说："不公平，我们长得如此相像，为什么它们受到世界的喜爱，而我们却要受到死亡威胁，受到人类唾弃呢？我不服气！而且现在的卫生条件越来越好，到处还撒有除苍蝇的药剂，我能吃到的东西越来越少，我好饿啊！"旁边的一朵牵牛花听到后扑哧笑了："你们也就长得像而已，小蜜蜂采花酿蜜，帮助植物繁衍生息。以前一位大科学家说，如果蜜蜂灭亡，这个世界最多存在四年，可见蜜蜂对自然界的重要，而你呢……"

小苍蝇没有心思听牵牛花继续说。小苍蝇满脑子都是："我和小蜜蜂长得像，为什么我们的差距却这么大呢？"突然，小苍蝇灵机一动：既然我长得像蜜蜂，为什么我不装成蜜蜂那样，去采食点儿花蜜呢？花蜜又香又甜可比垃圾好吃多了。想着想着小苍蝇流下了口水，仿佛已经闻到了花蜜的香味儿一样，就这么办，小苍蝇兴奋地想着。

它尾随在一只小蜜蜂的后面，来到花丛中，虽然小蜜蜂发现了这个意图不轨的家伙，却也没做声张，只是自顾自地采集着花蜜、花粉。而小苍蝇呢？它在花丛里飞来飞去，累得它晕头转向，也不见一朵花向它绽放笑脸。"喂，花儿妹妹，你好啊。我是小蜜蜂，快开门！"结果还是没有一朵花理睬它。

旁边的小蜜蜂听了小苍蝇的话哈哈大笑："你只是长得像我，事实上并不是我。你本质上还是一只小苍蝇，就算你在花前转一百年，花儿也不会为你绽放笑脸的。"

我们总是想把自己伪装得很好，但是伪装很容易让人看破。最好的伪装，就是从本质上改变自己，提升自己，让自己从内在发生改变，只有这样的"伪装"才能长存，才会自然到让人愿意接受。

狼和狗的相遇

一次，森林王国新开了一家西餐厅，是森林之王狮子创办的，开业当天狮子邀请天下所有的动物去就餐。狼和狗就在这家餐厅门前碰面了。狗是来就餐的，在主人的喂养下，皮毛光亮，神气十足，他穿着一身笔挺的西装，带着礼帽，挂着一根文明杖，一看就像是来参加高档宴会的。而他的远房亲戚狼呢，却是来收集别人吃剩下的骨头的。狼头戴破帽子，身穿灰衬衫，还背了个破麻袋，好像里面还装着几根骨头。

狗高抬着头，用眼睛的余光扫视着狼，很鄙视地哼了句："这不是狼吗？怎么还是混得这么惨啊，没看到我来这里就餐吗？可别挡了我的路。"

狼一声不吭地站在那里，冷冷地看着狗。

沉默了一阵之后，狗的脖子有些酸，他低下头冲狼喊道："你不要太过分了，不知道我是谁吗？不知道我有主人吗？现在不是早些年的蛮荒时代了，可是很讲究礼节和民主的，你挡住我的道了，快点儿滚开。"狗边说边用文明杖指着狼的鼻子，还做出了击打的动作。

狼眼睛都不眨一下，还是很自然地站在那里，还是一声不吭。

狗又鄙视地看了一眼狼，扬扬自得地说："你看你那副穷酸样？你买房子了吗？你买跑车了吗？"

狗不等狼说话，又用下巴指了指旁边的餐厅接着又说："你能到这家西餐厅消费吗？"

狼依然用冷漠对抗狗。狗彻底恼火了，他接着又说："我住在海边别墅，我还有一位漂亮的妻子，一台豪华汽车，几百万外汇，四五个国家的护照。你有什么呢？凭什么站在这里挡住我的去路。空有一副尖利的獠牙，却活成这样，要是我，我宁可去死。"说完他把文明杖重重地往地上顿了顿。

狼淡漠地看了看狗，突然间笑了："你所说的一切，都是你主人赐予你的，并不真正属于你。我一向如此什么也没有，以前你跟我混的时候是什么样，现在还是什么样。我是自由自在的！当我饥饿的时候，我还吃肉！而你饥不择食的时候，吃什么呢？"

说完，狼把嘴巴张开，露出了他的獠牙。狗吓得颤了颤，连忙把身子缩到一边。狼看也不看狗一眼，高傲地走了。

这是一则认清自己到底是谁的故事。提升自己的风度不是提升自己的外在，衣服、化妆品、首饰等等只能装饰我们的外表，却不能改变我们的本质。想想自己是一个什么样的人，想想自己未来要成为什么样的人，通过努力，走向成功吧！

自我限制

从前，一只老母牛生了一只小牛犊，小牛犊从小的时候就被主人拴在小木桩上，老母牛劝告小牛犊："孩子，不要试着拉断这个木桩。那是你永远也摆脱不了的噩梦。我们生下来就是没有自由的。"

但是，倔强的小牛犊每天都会尝试着拉动木桩，它梦想着自由，梦想着挣脱捆绑自己的绳索和这根讨厌的木桩。"我多想和白云一起飘荡，我多想像小溪一样逍遥，多想像自由的羚羊一样奔跑。"

可是，新生的小牛犊又矮又小，也没有多大力量，那根木桩就如一座难以撼动的大山。但是小牛犊不甘心，它学着爸爸妈妈那样喘着粗气，脚蹬土地，然后低头向木桩撞去，可木桩呢？只是轻微地晃动了一下而已，根本不可能被挣脱开。

"放弃吧，我的孩子，你看你撞得多疼啊，相信妈妈的话，那个小木桩不是我们能够撼动得了的，放弃吧！"心疼孩子的老母牛忍不住劝小牛犊。

日复一日，年复一年。每天，小牛犊都会去撞撞木桩，木桩呢？每次都是那么晃动一下，依然竖立在那里。而小牛犊的主人呢？每次看到小牛犊的横冲直撞，只是摇摇头就离开了，他从来没有理过小牛犊，也不担心木桩被小牛犊撞断。

渐渐地，小牛犊放弃了冲撞小木桩，从每天撞一次，到每月撞一次，而后来呢？小牛犊也绝望了，根本不去撞小木桩。

小牛犊变成小牛，又变成老牛，有了自己的孩子，它的主人也变得白发苍苍，而那根小木桩，依然竖立在那里，几十年，丝毫未变。尽管小牛犊的力气已经变得不是一根小木桩可以阻挡的了，可是它这些年却没有再去试着拉动小木桩，昔日的小牛犊已经有了根深蒂固的印象：无论我怎么去撞这个木桩，它只会动一点点，我何必再费力气去尝试呢？

我们的风度是否也停留在某个阶段停滞不前呢？是否也有一个小木桩阻挡了我们开阔视野？要知道，一个心胸开阔的人，必须拔掉生命中遇到的一切小木桩，冲破心中的一切拦阻，不断前进，不断超越，方能进入更广阔的天地。

200元钱的一束花

约翰现在的心情很不好。他驾车行驶在拥堵的公路上，也许前面出了交通事故，也许今天某一段公路禁止通行，总之，他已经堵在路上两个小时了。终于，他来到了一个十字路口，过了这个十字路口，他将畅行无阻，不过他正赶上红灯，还需要120秒钟才能通过。

一个衣着俭朴但一脸灿烂笑容的小男孩轻轻敲了敲约翰的车窗："先生，您要买花吗？给您的太太买一束鲜花吧！"约翰想了想，今天是自己和妻子的20周年结婚纪念日，他正需要一束鲜花，于是他拿出100元钱，正在这时，120秒的等待时间已经到了，绿灯亮了，后面着急回家的人使劲儿按着喇叭，催得约翰心里慌张。于是他口气很不好地对正向他展示花朵的小男孩说："不用展示了，什么样的花都行，快点儿，后面已经很着急了！"小男孩接过钱，把花递给约翰后，轻轻地鞠了一躬："谢谢您，先生！"

可是，约翰驾车行驶了一段路程后，心里非常不平安，他的良心谴责自己，为自己刚才的无礼举动感到很愧疚。于是，他把车子停在了路边，小跑着回去给小男孩道歉，并又给了小男孩100元钱："希望你能接受我的道歉，这100元钱你拿着，你可以买一束鲜花送给自己喜欢的人！"小男孩笑着接受了约翰的歉意。

当约翰回去发动车子的时候，可能是引擎出现了故障，车子一动不动停在那里，无论用什么方法也没能驱动车子。一阵歇斯底里之后，约翰决定步行到旁边的电话亭，打电话叫拖车帮忙。这时，一辆小拖车停在了约翰面前，约翰喜出望外，直呼好巧。司机却笑着说："有一个小男孩付给我200元钱，让我过来帮你。他还留了一句话给你说："这代表一束花！"

有风度的人，心地一定是善良的，因为虚假包装过的风度、气质，是不会长久的。故事中的两位主人公都是善良的。约翰还是一个有风度的人，他用自己的风度和善良换来了无私帮助，危急关头，这种雪中送炭，不是更能温暖人心吗？

迷途的蝴蝶

一只美丽的凤尾蝶，从出生那刻起，就受到身边人的赞誉，"这真是个美丽的小家伙。"

也许从小在赞美声中长大，养成了凤尾蝶高高在上的姿态，连带着它的心也是高高在上的。就连飞翔，它也是飞舞在高空中。

一个初秋的夜晚，凤尾蝶悄悄地离开了父母，独自一人在高空中飞舞，展示着自己美丽的身姿。这是它第一次单独出门，初秋凉爽的风让它倍感舒服，它快乐地飞啊飞。终于，它飞进了一个窗户里，这是一间废弃了的仓库。

凤尾蝶在房间里转啊转，看着窄小的房屋，它有些不知所措，"我是怎么进入这个窄小的天地的？"凤尾蝶由于没有独自出门的经验，被困在了这里找不到出路。

凤尾蝶拼命地拍打翅膀，飞得很高很高，但是屋顶挡住了它的去路。它拼了命地冲撞，也没能冲破屋顶的阻拦。凤尾蝶还是没有能够飞出房子。

　　凤尾蝶越来越累，它快没有力量扇动翅膀了，可是它还是在屋子里转啊转，渐渐地，凤尾蝶绝望了。它之所以没有找到原来的路，是因为它这些年养成的习惯，在高空飞舞，所以凤尾蝶总是在屋顶窄小的空间里寻找生路，可是屋顶哪有出路呢？而凤尾蝶又不肯低头，往低处飞去，哪怕它没有丝毫力量了，也要挣扎着往高处飞。它哪里知道，就在它翅膀下不远处，就有一扇敞开的窗户。甚至好几次，它都是贴着窗户上沿飞过，也没有低头看一眼，哪怕是瞥上一眼。

　　终于，这只透支了自己所有生命力的凤尾蝶实在飞不动了，从空中坠落下来，坠落到一张落满灰尘的桌子上。就像一片枯败的叶子，毫无生机。就在这时，它才看见，原来出口一直就在它的下方。

　　在未来我们提高自己的风度或者是学习的过程中，都要找到适合的方法，然后努力去做。这样我们才能成为非同寻常的人。

每天做好一件事

一位非著名的画家，开过几次个人画展，参加过几次绘画比赛，但是无论参观者有多少，评选受没受到潜规则，他的脸上总是挂着开心的笑容，就好像用画笔画上去的一样。

在一次画家座谈会上，一位同行忍不住问画家："老兄，你能把你每天都开心的秘诀分享给我们吗？"

"秘诀吗？"他想了想，"我没有什么快乐秘诀可以分享，我给你讲一个我亲身经历的故事，你就会明白我为什么每天都很快乐了！"

"在我小的时候，我是一个非常要强的孩子，别人会的，我都要会，而且比别人做得更好。画画、打篮球、踢足球、游泳，那时我每一项都想拿第一名，但是这是不可能的，所以每天我都很苦恼，觉得自己很无能，学习成绩也一再下滑！

有一次，我明知道自己不可能拿到第一名，就很消极地没有参加考试。父亲知道后，没有责骂我，只是在晚饭后，拿出一个漏斗和一把小麦种子。

　　父亲央求我和他玩一个小游戏，他把一粒种子倒进漏斗，种子落到我的手里，他又把一粒种子倒进漏斗，种子又落到我的手里。这样反复了几次，当我感到无趣的时候，父亲把一把种子全都倒进漏斗，瞬间，种子们挤在一起，竟一粒也没有掉下来。父亲低语道，你就像这个漏斗，心里装了太多的东西，结果什么也没有得到。如果你每天只是做好一件事，你就会收获一份快乐。

　　"几十年过去了，虽然我已经长大成人，也算获得了些小小成就，但是我一直记着父亲的教诲，每天做好一件事，坦然快乐生活！"

　　为自己生命旅程留下些纪念吧，是否自己已经迷失了呢？做最好的自己，从做好身边每一件事情开始。想做一个有风度的人，不能只是夸夸其谈，也需要有些硬实力，遇到事情不要总想着争取第一，而是尽自己最大的努力完成它，这样也就足够了。

无价的泥土

传说中贾府的林黛玉姑娘是绛珠仙草转世，她天生就是一个惜花爱花之人，黛玉葬花的故事更是家喻户晓。

对黛玉心存爱慕的宝玉知道她喜欢花草，就时刻留心街市上有什么奇花异草，一有新的发现，无论多高的价钱，他都要买下来送给黛玉姑娘。

一天，他在街市买到了一株名叫十二曼陀罗的奇花的花苗，"我一会儿就把这株花苗送给黛玉妹妹。她一定会很高兴的！"为了能更好地培育这株花苗，宝玉又花高价买回了一块肥沃的泥土。

宝玉回到府后，小心翼翼地把花放好，又找来花铲、水壶，很快他就把这株花苗移植完毕。可是令宝玉感到诧异的是，当他给花苗浇水时，屋子里充满了芬芳的香气，这扑鼻的芳香飘出了房间，传遍了贾府。

贾府所有人都被香味所吸引，大家都好奇地互相询问：什么味道这么香？大家顺着香味，来到了宝玉住的屋子。

贾母在屋外高喊道："宝玉，你在屋里玩些什么？怎么有这种香气发出？"

宝玉一听是贾母的声音，连忙走出屋子来："奶奶，我新买了一株花苗，本打算移植好后给黛玉妹妹送去，可是在我浇水的时候，就散发出如此异香，但是我买的花苗还没有开花，我也不知道这个香味是从哪里来的。"

听说是宝玉为自己买的花苗散发的香味，黛玉按捺不住心中的好奇，也顾不得礼仪，就冲进了宝玉的房间，过了一会儿，黛玉拿着一小捧泥土走了出来："香味不是从花上传出来的，是从这块泥土中传出来的！"众人都围了上来，看着这块散发着缕缕异香的泥土，暗暗称奇："普通的泥土怎么会散发出香味儿呢？真是令人想不通，难道这块土是天上的仙土不成？"

晚上，满脑子都是这块神奇仙土的黛玉沉沉睡去，梦中这块泥土开口说话了："我就是田间普通的一块土，但是不知道什么时候，有一块龙涎香掉在了我的身上，我与龙涎香一起生活了几百年……"

在生活中，我们该把自己置身于什么环境中呢？是芳香中？还是异味中？把自己置身于芳香中，培养我们的风度，这样我们才会变得芬芳。

一生的老师

《神曲》是欧洲文艺复兴时期的代表作，它的作者就是但丁。

但丁是一个意大利人，他就出生在佛罗伦萨，他的父亲是一位没落的贵族。但是就在这种情况下，但丁的父亲依然重视对他的教育。也许这就是贵族底蕴吧，父亲不希望自己的孩子是一个目不识丁的人，他要培养自己的孩子成为一位有学识的绅士。

父亲省吃俭用，把节省下来的钱用作给但丁聘请家庭教师。这位家庭教师是一位很有教学经验的老学者，他在第一次见到但丁时就喜欢上了他。老学者和蔼地问但丁："小家伙，我知道有一种文字很奇妙，你愿意和我一起学习吗？"

但丁问："什么文字这么奇妙呢？"

"拉丁文，你愿意学习吗？"

"愿意。"但丁开口说："可是我为什么要学习拉丁文呢？别人好像都不会这种文字！"

"哈哈，这就是别人肚子里没有好故事的原因。你知道吗？

很多引人入胜的故事，都是用拉丁文写的!"

"请您教我，我愿意学习拉丁文!"但丁高兴极了。

敏而好学，善思多问的但丁在老学者的悉心指导下，很快就掌握了拉丁文，一方面是因为但丁确实拥有语言天赋，另一方面也是和他喜爱阅读分不开的。当但丁不到10岁时，就能背诵很多罗马大作家的诗作，但是但丁最喜欢的作家却是维吉尔。但丁对老学者说："读维吉尔的书，就像走入了他的大脑，畅游智慧的海洋。"

当但丁说完这番话后的第二天，老学者就辞去了家庭教师的职务，临走时，他对但丁的父亲说："这个孩子已经找到了自己真正的老师，那就是书籍。那是无尽智慧的源头。"

书籍是我们任何人的老师，你的，我的，大家的，只要愿意阅读，我们任何人都能从书籍中汲取成长的智慧。从书中我们知道了假恶丑，知道了真善美，更能让你和我从书籍中汲取到做一个风度翩翩的人的道理。

知错能改

春秋战国时期，有一位魏文侯，文韬武略无人能及，所以为人有些高傲。一次师经在琴房弹琴，路过的魏文侯听到优美的琴声，不自觉地翩翩起舞。

他跳得忘乎所以，快乐至极。到酣美处，他高声大喊："我的话就是金科玉律，别人不能违背。"

师经听到有人大声呼喊，就从人琴合一的境界中惊醒过来，当他听清魏文侯说些什么，立刻抓起手中的琴向魏文侯砸了过去，啪啦一声，琴砸在琴房的门上，距离魏文侯的脑袋很近，魏文侯吓得出了一身的冷汗。这下，魏文侯再也没有了跳舞的兴致，因为刚刚飞过的琴差点儿要了他的小命。如果命都没了，拿什么来命令别人呢？

听到声响的侍卫们冲了进来，看到衣冠不整，气喘吁吁的魏文侯，侍卫们以为师经丧心病狂，要刺王杀驾，就抽出宝剑，把师经团团围住。魏文侯看到自己安全了，心里才算平静一些，他气愤地问："我到底做错了什么呢？你居然拿琴打我？"

师经一言不发，微微地低下了头。

侍卫们一看师经不回答魏文侯的问话，就都面目狰狞地用剑脊击打着师经："王在问你话，居然敢不回答。"

可是师经还是没有回答问题。

魏文侯问一个侍卫："身为臣子却敢冒犯君王，其罪当如何论处？"

侍卫盯着师经大声宣布："当凌迟处死！"

这时，师经擦了擦嘴角的鲜血，开口说道："人之将死，其言也善，不知国君是否肯听我一言？"

"讲！"

师经说："昔日，尧舜做国君时，他们讲的话，世上没有人反对。言出法随，万民服从。而桀纣为王时，他们讲的话，世上所有人都反对，政令不通，狼烟四起，国将不国。我现在打的是桀纣，不是魏文侯。"

"这……"魏文侯仔细思想，挥手屏退了左右："放了师经，是寡人错了。今日起，把师经的琴挂在城门上，让我每次抬头都能受到警示！"

知错就改，魏文侯也算明君了。对于一个王来说，面子何其重要，但是错了就是错了，他没有因为顾及自己的颜面，而掩饰错误。有风度的我们，也可能会犯错误。但是我们不要走入一个误区，认为风度就是面子，风度是一个人由内而外的气质，而面子只是虚荣的一种表现。让我们试着做一个肯认识错误，并改正错误的人吧。

钓上岸的鱼

春江水暖鳜鱼肥。又到了一年垂钓的好时节，徐文长又能和叔叔出去钓鱼了，心里非常兴奋。叔叔拥有多年的垂钓经验，深谙何处鱼多，他递给徐文长一根鱼竿，把他安排在最容易钓到鱼的位置上。徐文长学着叔叔钓鱼的架势，先放上鱼饵，甩出鱼线，就眼巴巴地坐在一边等候鱼儿上钩。可是坐了没有多大一会儿，徐文长就坐不住了，一会儿站起来看看鱼儿上没上钩，一会儿去叔叔那里，看看叔叔钓了多少条鱼。

"叔叔，我一条鱼也没钓上来！"徐文长有些小失望。

"再试试看！"叔叔鼓励徐文长。

回到自己位置上的徐文长忽然发现，他的鱼竿上的钓饵消失不见了。

徐文长兴奋地一拉鱼竿，钓上来的却是一团水草。

徐文长又一次把鱼钩抛进水里，过一会儿提起来一看，空空如也。第三次，第四次……徐文长的手臂已经酸了，他哭丧着脸看着叔叔："叔叔，我钓不上来鱼啦！"

"你要有耐心，再试一次！"叔叔表现得很淡定，"钓鱼人哪能没有耐心呢！"

正说着，徐文长的鱼竿又动了动，好像有什么东西在拉扯鱼线。徐文长感觉到自己的鱼线被拖入水中，就连忙一提鱼竿，一条美丽的虹鳟鱼蹦跳着跃出水面。

"哈哈，叔叔快看啊，我钓到鱼啦！"徐文长有些欣喜若狂！

"先别忙着高兴！"叔叔都没有往这边看一眼，他的话刚说完，那条小鱼惊恐地射向河心，钓线上的鱼钩也跟着不见了。徐文长格外伤心，一屁股坐在草地上久久不愿意起来。这时，刚刚钓上一条大鱼的叔叔走了过来，帮徐文长上好鱼钩，放好鱼饵，又把徐文长从地上拉起来！

"记住，小滑头，"叔叔意味深长地说："鱼儿在没上岸前，不要吹嘘自己钓到了鱼，一切都有可能发生。我曾不止一次看到大人物们在公开场合下，像你一样干了蠢事。记住，事情尚未成功，就不要着急吹嘘，即使成功了，也要注意自己的个人风度。"

越是到最后，我们越是有可能失败，所以在事情还没有成功时，我们不要着急炫耀，注意我们的身份，即使成功了，也要保持风度，自己在心中高兴就可以了，大可不必炫耀。

地上的牛奶

这是一个真实的故事，也是开拓创新教育的典范。一位诺贝尔奖获得者在回忆自己人生哪段历程最值得纪念时，他脱口而出的是幼年生涯。上厕所要举手，分苹果要谦让，坐座位不许抢，这一切都在这位诺贝尔奖获得者心里留下了难以磨灭的印象。

无独有偶，一位大科学家也曾经为我们讲起了他幼年时期所经历的一件事情。

这位科学家幼年时，冰箱才刚刚被发明创造，他的家里就买了这么一件稀罕货。每一次妈妈打开冰箱的时候，他都会围在一旁感受冷气从冰箱中传出来。他觉得一切都很神奇。一次，妈妈正在洗碗，幼小的他就想从这个神奇的大家伙中拿一瓶冰牛奶来降降暑。可是他的力量太小了，而装牛奶的玻璃瓶又冷又沉，他一个没拿稳，瓶子掉在地上摔碎了，牛奶也洒了一地。

听到异响的妈妈赶紧跑了过来，当看见心爱的宝宝没有受伤后，她暗暗松了口气，又看了看敞开的冰箱门，和站在一边满脸担心会受到惩罚的宝宝，妈妈又气又笑，决定给宝宝上一堂教

117

育课。于是，她故作惊喜："好漂亮的一幅牛奶泼墨画啊，我家宝宝真有才华，能画出这么一幅美丽的画！"听到妈妈这么说，他心里很是惊诧。妈妈接着又说："这幅画真美，但是会弄脏地板，不过在地板被收拾干净之前，我们可以在牛奶中玩玩小游戏！"说完妈妈带着他走进牛奶中玩了起来，盖手印，画牛奶画，他们玩得很开心。这时，他心里已经不再紧张了。玩了一阵后，妈妈又说："这些牛奶已经脏掉了，我们要把它收拾干净。由于是宝宝自己弄洒的，必须由宝宝自己收拾，妈妈不会帮忙，但是妈妈会提供给宝宝两种工具！"说完妈妈拿了一个拖布和一块海绵来让他选择，并在使用过程中，引导他比较哪种工具吸收牛奶比较快。当地板被擦干净后，他和妈妈愉快地去收拾碗筷。

这次生动的教育课让这位科学家知道了犯错并不可怕，只要知道犯错的原因并改正过来，犯错没什么了不起的。而且他还知道了，如何处理自己的怒气，和怎样对待那些犯了错的人。

一个大家耳熟能详的故事，但是里面的哲理却又需要我们去思考。当我们的身边人犯了错误时，我们是火冒三丈还是有风度地、有技巧地化戾气为祥和呢？试着做一个让身边人都尊敬的人，而不是惧怕的人吧！

洞口的蜘蛛

第二次世界大战中，德国对法国不宣而战，德国法西斯发动闪电战突袭法国，在短短的时间内，把法国打得落花流水、溃不成军。法国战败以后，法军灵魂人物戴高乐将军也与主力部队失去了联系，他逃入了深山老林，躲避德军的搜索。

由于叛徒的出卖，德军知道了戴高乐的藏身位置，派大量士兵搜捕戴高乐。万般无奈之下，戴高乐只好藏身在一个阴暗潮湿的小山洞中。

德军就在周围巡视，他们举着带有刺刀的步枪，每三米一个人缓步前行，进行地毯式搜索。戴高乐心里很紧张，他手里紧紧握着一个手雷，他暗暗下了决心，当敌人发现他的时候，就是他以身殉国的时候，他绝对不做阶下囚。正在他注意不远处敌人的情况时，一只蜘蛛顺着戴高乐的衣服爬到他的脖子上，面对这个入侵者，这只蜘蛛张开了大嘴，一口咬到戴高乐的脖子上。由于疼痛，戴高乐下意识地用手在脖子上一抓，原来是一只蜘蛛。想到自己如此落魄，一只蜘蛛居然都敢欺负自己，戴高乐就想杀掉它，可是刚刚要下手时，又想到自己马上就要死了，还和一只蜘蛛较什么劲呢？

想到此处的戴高乐，把蜘蛛轻轻地放到洞口处："快走吧小蜘蛛，一会儿这里会发生大爆炸，要是伤到你，可就不好了！"

谁知道这只小蜘蛛没有逃走，反而在洞口处重新织起网来，不一会儿，就织成了一张蛛网。当德军路过洞口时，戴高乐举起了手雷准备拉动引线，洞口的德国士兵说话了："咱们谁进这个洞穴看看？"

另一个德国士兵说："这个洞这么小，只能一个人钻进去，如果戴高乐躲在里面，我们一个人下去可就危险了，我们还是再研究研究。"

第三个士兵说："研究什么？戴高乐不可能躲在这个洞中，你看洞口的蛛网，如果有人钻进这个小洞，必然会碰到蛛网。而这张蛛网保持得如此完好，里面一定没有人，所以我们还是去别的地方搜索吧！"

戴高乐脱离了险境。他一次小小的善举，放了小蜘蛛，结果救了自己一条性命。

有风度的人需要怎样的心胸？需要睚眦必报吗？用我们的气魄和个人魅力感染那些无意中触犯到你的人，彼此之间不会存留尴尬，还会化敌为友，促进彼此的关系。

秀才与采药人

在武当山脚下的一个石亭里，一个衣着朴素的采药人正悠闲自得地品着茶，他的脚下放了一篓新采摘的药材，这就是他今天的收获。

三位衣着得体、文质彬彬的秀才也来到了这个石亭，他们手中轻摇折扇，大声谈论着风雅之事。他们的谈话引起了采药人的不满，然而他没有说些什么，只是拿起茶壶轻缓地斟上一杯茶，继续观赏山色、飞瀑。

茶壶倒水的声音，与杯中的茶香引起了三位秀才的注意，他们这才注意到石亭里还有其他人。于是他们停止了彼此之间的谈论，而是和采药人攀谈起来。

"这些都是上好药材，灵山宝地多珍贵药石，你的收获很丰富吧！"白衣秀才说道。

采药人点点头。

"多采几趟吧，可以多卖些钱。"黄衫秀才说道。

采药人摇摇头。

第三位秀才的神情变得很诧异，显然，他对采药人深入宝库而不知珍惜感到惊奇。

"难道你的身体有老伤？不能长时间爬山采药吗？"

采药人一愣，终于开口说话了："我腿脚很好，也不觉得累。"他站起身来，伸展了一下四肢，"我的身体好极了！"

第三位秀才更困惑了："既然如此，你怎么不再次上山采药？"

采药人指着竹篓说，"卖掉这些药材，就够我们一家人五天的口粮了。"

秀才接话说，"假如你每天都上山采药好几次，也许一天就可以获得一家一个月的口粮了。"

"你想想看，不到一年，你就可以用采药挣来的钱开一家豆腐坊，一边采药，一边卖豆腐挣更多的钱。用不了三年，你就有钱开一家药铺，你就可以关闭豆腐坊，也不用去采药了，你可以收购其他采药人的药卖给病人，从中挣更多的钱，然后……"秀才激动了，"你就可以雇佣伙计打理你的药铺。你可以再开几家药铺，在全国多个地方经营药材。然后……"激动过度的秀才满脸的惋惜和无奈。

"然后，接下来又怎样呢？"采药人笑着问秀才。"接下来，"秀才平静了一下情绪，"接下来，你就是一方富户了，什么也不用干，可以天天游山玩水，饮酒作乐，喝着香茗，闻着花香，共享天地之乐。"

"可是，我一直过着这样的生活呀。"采药人说，"我本来在这里喝着茶，看着山水花草，听着鸟鸣，只是你们的到来打扰了我的清净。"

　　一个有风度的人，一定能够控制自己内心的欲望。虽然都说欲望是成功的动力，但是无法驾驭的欲望，会令人毁灭。对于我们来说，要清楚地认识到自己想要的是什么，然后分阶段实现自己的目标，否则一切都是空想、空谈。

黑黄盟约

村子里的财主家养了两只大狗,一只名叫大黑,另一只名叫二黄。俗话说一山不容二虎,一家也同样容不得二犬,两只狗谁也不服谁,每天都因为一点儿鸡毛蒜皮的小事,打在一起,气得主人经常不给他们饭吃。

一天早晨,大黑和二黄又被主人惩罚不许吃早饭。没有力气打架的他们就趴在树下闲聊天,畅谈人生。"我觉得,虽然有吃有喝,但是我的一生还不算最幸福。我听主人说,有三五至交好友一起生活,同甘苦、共患难,吃睡都在一起,彼此不离不弃,那才是真幸福。"大黑感叹着说。

"我也是这么想的!我们有同样的追求,让我们成为至交好友吧!"二黄吐着舌头,畅想着美好的生活。

大黑也激动起来:"二黄,我以前从来没把你当成朋友,每天都要和你打个你死我活,其实我早已过够了这样的生活了!"

"算了,不打不相识嘛,只要我们以后不打架了,一切都会美好起来。"二黄激动得热泪盈眶。

大黑和二黄激动得拥抱在了一起，彼此用热情的舌头互舔着："古有桃园三结义，今有黑黄共盟约。从今天起，我们就是兄弟了！"大黑和二黄那股兴奋劲儿，已经无法用语言形容了！

啪嗒一声，正在做饭的主人从窗户里扔出一根香喷喷的肉棒骨头，上面还挂着好几块肉。原来是主人看到他们没有打架，反而和平地玩儿在一起，觉得很满意："看你们今天没有打架的份儿上，给你们的奖励。"

闻到了骨头的香气，两兄弟瞬间充满了能量，望着骨头的眼睛也闪着绿光，他们像晴空霹雳一样朝骨头扑了过去。"这是我的！"大黑流着口水狂喊道。"是我的才对。"眼睛里除了骨头再没有其他存在的二黄也不甘示弱。"亲密"的兄弟忘记了"黑黄盟约"，他们像蜜糖一样粘在了一起，在大树下滚了起来。他们拼尽了所有的力气，就为了能抢到那根骨头。瞬间，黑黄二色的狗毛飞满了天空，是什么让这对兄弟反目的？也许就是彼此的不诚实吧！

什么是真正的友谊，对于你来说应该烂熟于心。每个人都需要朋友，一个有风度的男孩，身边一定会有很多朋友。我们应该以诚实的心去和朋友交往呢？还是虚与委蛇呢？怎样才能让朋友不疏远你呢？我想，你的心里也应该有了自己的想法。

熊的力量

一片孤山之中，住着一位隐士。四周非常荒僻，了无人烟。寂寞的时候，隐士就向白云高喊，高兴的时候，他就向鸟儿歌唱。虽然衣食无缺，但是日子久了，隐士越来越觉得寂寞了。"隐居之前，我应该收个徒弟，有个人陪我说说话，我也不至于寂寞！"想着想着，他就来到了森林深处。突然，他发现一只健壮的大熊正在树上掏蜂蜜："小心，你的脚要采空了！"

熊听到隐士的喊声，低下头看看自己的脚下，果然一只脚已经踏空了。如果从这么高的树上摔下来，是会摔死的。

下了树的熊向隐士道谢，一来二去，熊和隐士成了无话不谈的好朋友。每天，熊陪着隐士上山采药，溪边钓鱼。隐士把钓上来的鱼做好后与熊一起分享，而且，隐士还学会了养蜜蜂，每天都能拿出一点儿蜂蜜给熊吃。他们过得很开心。

一个晴朗的早晨，按照惯例，熊要陪着隐士去山上采药。他们翻山越岭走了很远，隐士的身体渐渐吃不消了，人的力量怎么也比不过熊的力量啊。隐士真的走不动了，他喘着粗气，艰难地往前挪移着。那头熊呢，他一直都在关切着自己的好朋友，生怕隐士有个闪失。

隐士艰难地来到熊身边，瘫在熊身上："我亲爱的朋友，太累了，允许我睡一会儿吧！"熊拍了拍胸脯："朋友，你睡吧，我看守你，不会有任何打扰的！"隐士确实累坏了，他躺在一边儿，不一会儿就睡熟了。熊就像一个卫士一样守候着隐士。

可是过了不多时，一只讨厌的苍蝇就落在了睡熟了的隐士脸上，熊连忙把苍蝇赶走，苍蝇又飞到隐士的额头上，熊又把苍蝇赶跑了。可是苍蝇一直绕着隐士的脸转。

熊屏住了呼吸，一声不响地蹲了下来。

"沉着下来，屏住呼吸，屏住呼吸！"熊心里想着，"你个短命鬼，看我怎么收拾你！"嗡嗡嗡……苍蝇落在了隐士的鼻子上。熊使出了全身的力气朝苍蝇拍去，苍蝇飞走了，隐士的脑袋却被砸成了肉酱。熊望着被自己打死的隐士，呆在了那里。

交朋友很考验你的识辨能力。出于风度，对于有些很蠢笨的人我们应该保持友好，但是最好不要深交，因为也许出于无意，但是过分殷勤的愚蠢却是最致命的。

一毛不拔见上帝

有一只猴子，出生后不久，就被驯兽师抓去训练，之后的一生都是在动物园的马戏团里耍丑卖乖取悦观众。死后，这只猴子被天使带到上帝的面前。其实猴子本来不该见上帝的，是它自己提出来的要求。没想到，上帝真的接见了他："你为什么要见我呢？"知晓世间万物的上帝故意问猴子，猴子愤愤不平地对上帝说："上帝啊，求你下辈子让我做人可以吗？我这辈子做一只猴子，没过上一天的好日子，成天被驯兽师戏弄，而且没有一分钱。可是那些来看我表演的人呢，他们穿红挂绿，使用一些我干脆都不知道是什么用途的东西，看起来既先进又有趣！对于我来说，做一个人，是一件太美妙的事情了！"

"想成为一个人是一件简单的事情，我可以给你这个机会，不过你得完成一件事情，才能做一个人……"上帝微笑着说。

"我愿意，只要让我当人，我什么都愿意做！"

"那好吧，既然你这么有诚心，来人哪……"上帝下了一个命令，围绕在上帝身边的小天使，笑嘻嘻地飞向猴子，他们每人手里都拿着一个小镊子，他们按住猴子，让他不能动弹，飞快地用镊子拔猴子的毛。"哎呀呀……疼死我了，哎呀呀，你们快住手……"猴子疼得龇牙咧嘴，他不住地问上帝："上帝啊，你不是让我当人吗？你为什么还要这样待我？难道说我吃的苦还不够吗？"

上帝温和地笑了："如果你要当人，就不能有这些猴毛，所以自然要拔掉这些猴毛。既想做人，又想一毛不拔，世上哪有这样的道理？"

在这里，我们可能要提到一个男孩最不愿意提的话题——金钱。有风度的人需要有朋友，所以不能"一毛不拔"，吝啬的人，往往让人很不屑一顾。我们要懂得在索取的同时，也需要付出，只有这样，才能有更好的人缘。

但是过分慷慨，也会劳民伤财，毕竟我们的钱，绝大部分都是父母辛苦赚来的，我们没有理由乱花，所以，我们慷慨起来也要有所节制。慷慨不等于乱花。

完美无缺的画

什么样的画是最完美的？我想每个人都会有自己的答案，而且答案各不相同。最近，街头总会出现这样一位画家，他会征求每一个他遇到的人的意见，"您心目中最完美的画是什么样子？"可是，他问了千万个人，千万个人给了他千万个不同的意见。

画家耗尽了心力，画出了一幅他十分满意的作品，他信心满满地把这幅画挂在街头一角，还在画旁边放了一只油笔，并附上说明："这幅画是我最喜欢的一幅作品，如果您认为哪里不完美，请用旁边的油笔留下记号。"

第二天，他取回画的时候，发现画布上被涂满了记号，可以说这幅画被指责得体无完肤。这令画家很难过，很失望自己这次大胆的尝试。这时，画家的妻子给他提意见，让他换一种方式去尝试。

画家又重新临摹了一张同样的画，来到另一条街道，同样挂在街角上，同样在画旁放了一支笔。不一样的是，这回画家在说明上这样写着："这幅画是我最喜欢的一幅作品，如果您认为这幅画哪里画得完美，请用旁边的油笔留下记号。"

当第二天画家取回画时，他发现，之前被指责为败笔的地方，都被人们换成了赞美的标记。

"天啊，"画家不无感慨地说道："我现在发现，我们不管干什么都只能使一部分人满意，另一部分人不满意，我们认为是美的，有些人会认为很丑，我们认为是残缺的，有些人会认为是一种缺憾美。就像我们做人一样，无论我们做什么事情，支持者有之，拒绝者有之。同样，喜欢我的人不少，憎恶我的人也不会少……"

有些男孩会陷入一种误区，只要我成为一个有风度的男孩，就会受到所有人的喜欢。其实无论我们做得多好，都会有一部分人不喜欢我们。我们要做的，就是把这群人尽量最小化，人无完人，我们只要做到最好的自己就足够了！

狗狗也需要理解

狗贩子要卖几只小狗，他就在土墙上挂起了一块广告牌。当他正往墙上挂广告牌时，一个小小的声音打断了他，听声音是个不大的小男孩。

"老板，"小男孩小声地说，"我……我想买一只小狗。"

"当然可以……"狗贩子把广告牌挂在了墙上，"不过，我养的狗都是纯种狗，价格会很高，你确定要买吗？"

"我，我确定要买，这是75元钱，可以先让我挑挑小狗吗？"小男孩慢慢低下头，费力地从兜子里掏出一把零钱，把这些钱放到狗贩子手里。

"当然可以，"狗贩子数了数手里的钱，吹了一声口哨。"海丽，带着你的宝贝儿过来！"只见一只大狗从狗窝里跑了过来，后面还跟着4只活蹦乱跳的小狗崽。隔着土墙，小男孩看得很真切，脸上也露出了喜悦。当这5只狗跑过来时，狗窝里又传来一阵小小的动静，不多时，里面爬出了一只瘦骨伶仃的小狗崽，只见它走几步就跌倒了，但是它却一直努力追赶同伴，一路跌跌撞撞地走了过来。

"就是它了，我要那只小狗。"小男孩指了指最后的那只可怜虫。狗贩子想了想，蹲下身子望着小男孩："小家伙，你最好不要选那只小狗，它这辈子不能跑了，也不能陪你玩，只能在你后面吃力地追赶你，而别的狗狗却能陪伴你玩耍。"

听到这些话，小男孩有些难过，他默默地坐在地上，把裤腿卷了起来，"先生，您看，我的腿也跑不快的！"原来他的小腿两侧打了钢板，脚下还穿了一双特制的跑鞋。"也许你体会不到那只狗狗有多伤心，但是它确实需要人理解。"

理解是一种高尚的美德，是我们素质的一种体现。在与人交往时，我们需要了解自己的同伴，互相信任、互相尊重，这样才能拉近我们和伙伴之间的距离，学会理解，让我们的人际关系更融洽。

不把烦恼留给别人

　　一个农场主雇佣一个水管工人安装水管。但是也不知道水管工人今天走什么霉运：早上出门，路上塞车一个小时，刚疏通了交通，他的车胎又爆了，修补轮胎又花了20分钟，接下来，农场停电，又接下来，电钻坏了，新装好的水管不通水……本应该一上午就完工的工程，水管工人一直做到下午4点钟才干完活儿。

　　由于时间有些晚，心地善良的农场主就开车送水管工回家。到了水管工家门口，正值晚饭时间，水管工人就盛情邀请农场主去家里吃一顿便饭。

　　一脸晦气的水管工人并没有马上就走进屋子，而是静静地在门前坐了一会儿，又伸出手来，摸了摸门口的一棵小葡萄树，他从树梢抚摸到树干，之后就一脸轻松地去敲门。当妻子打开大门后，水管工人更是喜笑颜开，他轻轻地拥住妻子，然后给扑上来的两个儿子一人一个响亮的亲吻，这才邀请农场主进门。

　　在水暖工家，农场主度过了一个相当温馨美妙的夜晚，农场主感受到了在这个家庭中流淌着前所未有的幸福和温暖。

　　美妙的时光总是过得飞快，当农场主起身要离开的时候，忍不住问水管工人："你有这么温馨美好的家庭，为什么不马上进门？反而要在门口发会儿呆，然后在门口摸摸小树呢？"水管工人表情有点儿不太自然，"我是一个心思很沉重的人，总是有很多的烦恼。但是我不能把我的烦恼带给我心爱的人，虽然我的家人会谅解我，但是我不能原谅那样的我。所以每天我都在进门之前，把这一天所遭遇的一切困境告诉给那棵树，就相当于我把烦恼留给了那棵树，而没有带进家里。"

　　一个人的心情，是周围人的生存环境，我们要用怎样的心态来感染周围的人呢？我想有风度的你，早已做到心里有数。如果我们有了压力，一定要合理宣泄出去，如果这种情绪在心里堆积，会形成巨大的压力，那样就会伤害到自己和身边的人。

莽撞的蛇

　　自从蛇被上帝诅咒后，一直生活在旷野，他用自己的腹走路，已经很辛苦了，还需要费尽心思去寻找食物，同时寻找各种有利条件躲避各种恶劣的自然环境。"我受不了旷野的生活了，上帝啊，求你允许我和人类毗邻而居吧！"终于有一天，无法再忍受下去的蛇决定争取上帝的同意，和人类生活到一起。因为蛇不止一次看到，人们生活在房子里，白天凉快、晚上温暖，而且屋子里还有最可口的美食——肥硕的大老鼠。蛇干脆不用找吃的，成天窝在家里就好了。

　　上帝答应了蛇的请求，于是蛇决定搬进离旷野最近的铁匠家里。当蛇来到铁匠的家里后，他就像一个没见过世面的土包子，见什么都感到好奇，他怀着参观游览的心情，在铁匠家里四处闲逛。

　　当他游走到铁匠的桌台上时，"咦？怎么还有我的一个同类？"原来桌台上躺卧着一条和他长得很像的蛇，但是如果细心观察还是能看出区别的，这条蛇没有蜷在一起，也没有抬起脖子，只是直挺挺地躺在那里。

"怎么会有我的同类先来到这里，被他抢先了一步真不甘心，但是我既然来了，就没打算回去，我一定要把他赶走！"想到这里，他蜷起了身体，高高扬起自己的脖子，露出滴着毒液的尖牙，可是对方一点儿反应也没有，既不应战、也不退后，就是静静地趴在那里，于是蛇抢先一步下手，咬住了对方的身体。

蛇第一口下去，没有咬动，于是他一咬再咬，可是对方乌黑发亮的皮肤太硬了，再怎么撕咬，也没咬破一块皮。蛇那对儿充满毒液的尖牙逐渐地被消磨没了，他的牙齿也逐渐磨平了，其实他哪里知道，桌上放着的，是上帝对他的试验，那只是一条打造成蛇形状的铁链而已。

有风度的人，需要与人为善，与邻为友吗？答案是需要。我们一生中会有更多朋友，而不是更多陌生人或者敌人。与人为善，是中华民族的传统美德和处事准则，那些争强好斗的莽撞者，总会不经意间为自己树立更多的敌人，最后吃亏的还是他自己。

驴子交朋友

　　有一个绝顶聪明的农夫，承包了地主家很大的一块地，他要大干特干，争取几年就成为这一方最富裕的农夫。为了提高耕种效率，单靠农夫一个人的力量是绝对不够的。他虽然养了一些大牲口，但是这些大牲口有的到了暮年，走路都有些费劲；有的却是懒蛋，鞭子抽着也不走。眼看就要到春耕季节，聪明的农夫决定去买几头年轻力壮、踏实肯干的驴子回来，能提高耕种效率。

　　这天正是阴历十五，赶集的日子，农夫溜溜达达来到了卖牲口的地方。这里有许许多多的大牲口等待出售。有一个认识他的牲口贩子拉住了他："老兄，今天怎么有空来集市转转，准是想置办几头大牲口吧？过来看看我这里的驴子，照顾下兄弟的生意怎么样？"

　　农夫就跟着牲口贩子来到他的店，"我这里的驴子个顶个没得说，都是下地干活的能手，你买回去，一头当两头用，准保顺服肯干，尤其这头……"牲口贩子指了指店里的一头驴。农夫觉得很不错，就走上前细看了看，嗯，是一头不错的小毛驴，就爽快地买下了这头驴，然后把小毛驴牵到了自己的牲口群当中，让它自由站在圈里。这头小毛驴在圈里转了转，立刻站到一头好吃懒惰的驴子旁边，卖力地讨好它。

聪明的农夫看到这一幕，皱了皱眉头，他立刻把小毛驴从圈里牵出来，退还给那个牲口贩子。

牲口贩子有些好奇："老兄，就因为咱们认识，我才把最好的驴子卖给你，难道你认为它哪里不好吗？"

"确实不好，我把它牵进我的牲口圈里，它没有去找那些勤快的老驴，反而和好吃懒做的驴混得很好，我觉得它以后也会是一个好吃懒做的家伙。"

"这是什么方法？难道会奏效？"牲口贩子有些好笑地问道。

"不用表示质疑，我的方法是最有效的，依我之见选择什么样的朋友，自己就会是什么样！"聪明的农夫自信满满地说道。

选择与什么样的人交往，是一件大学问。与有风度的人交往，我们会耳濡目染，学着像他一样有风度，反之，学坏孩子，我们极有可能也学坏。所谓的"近朱者赤，近墨者黑"就是这个道理。

一村花香

一休在寺庙后面种了一棵樱花，几年过去了，院子里开满了樱花，香味飘散到山下村子里。

许多人特意来到寺院欣赏樱花："好美的樱花啊，今年我们就在这座寺庙欣赏樱花吧，这里的樱花之美，不下于富士山下的樱花。"他们在樱树下铺上了席子，边吃着自己带的便当，边欣赏樱花。

当人们都尽兴准备离开的时候，桔梗店的老板终于忍不住了，他凑到一休的面前，边挖着鼻孔，边傲慢地说道："一休小师傅，你种的樱花很有几分味道，我看着不错，你出个价钱，我把这片樱花买下来怎么样？"

"不用你买的，我可以送给你几株，你明天就可以叫人过来挖。"一休呵呵笑道，丝毫没有因为桔梗店老板的强人所难而感到生气。

一休指了指开得最茂盛的几棵樱花树，"这几棵樱花树，就是你的了，去叫人把它们挖走吧！"第二天，桔梗店老板果然带人连着根须把樱花树挖走了。消息传得飞快，西右卫门不好意思地要了几棵樱花树，将军大人派部队挖走了一半樱花树，周围的村民也接二连三地来到寺庙索要樱花树。在一休眼里，这些人都是自己的知心人，自己最亲近的人，都要给，很快樱花树都让他送得一干二净。

看着满院子的凄凉景象，小叶子心里很不是滋味，"真可惜啊，这里应该是满院子花香的！"

至善长老走了过来："以前确实是满寺院的花香，但是现在却是满村子的花香啊。"说完，他和小叶子抬头看了看一休，只见一休脸上绽放出了比开得最灿烂的樱花还要美丽的笑容。

予人玫瑰，手存余香。快乐与人分享，我们收获的就是双倍的快乐。独自霸占着美好的事物，也许并不会感到幸福，反而会增添几分深山藏宝无人识的寂寞。有风度的我们，不会把满园春色关在墙内，而是与众人一起分享花香，分享快乐。

人们都很伟大

一位外出布道的神父，他的鞋子坏了，就顺路来到修鞋匠的家里修鞋。这位神父布道的兴致很高，引经据典，侃侃而谈，对修鞋匠大讲了人的劣根性。年老的修鞋匠只是专心修着鞋，旁边的小学徒却非常不愿意听神父的说辞，还对他的某些言辞很是反感，便忍不住反驳了神父几句。

神父很是惊奇，也很恼怒，一个穷小子居然敢反驳我？他面子上挂不住了，便自己给自己找台阶下："你真不应该在这家鞋店里做学徒，凭你的思维的深度、犀利的口才、敏锐的思维，超乎常人的逻辑推理能力，你真不应该为世俗奔波，你应该利用上帝赐给你的才能，从事……"神父的话还没说完，就被小学徒打断了。"神父大人，请你不要把以后的话说出来。"

"你知道我要说什么？"

"是的，而且，我从事的绝不是世俗的工作，您看您身边的那双鞋子，那属于一个寡妇的儿子。这个寡妇在丈夫去世时，一度伤心寻死，可是为了自己的儿子，她从悲伤的情绪中走了出来。最近她儿子找到了一份邮差的工作，他们的生活才算勉强能够维持下去。"

小学徒接着说："然而，梅雨季节马上就要来临，慈爱的上帝问我说，你愿意修补一双破烂的鞋子吗？它属于寡妇的儿子。免得他脚上着凉，得了恶病而死。"

"我想，神父大人知道我的回答，我实实在在地说了一声我愿意。神父大人，你在神的带领下广传福音，引人归主。而我也是在神的启示下为人补鞋，如果未来我们都去见上帝，我想我会和你得到一样的赏赐和冠冕的！"

人是个体，各有各的特性，我们不要总是想着教训他人，我们要保持风度，心平气和地接纳别人的特性。我们会发现，人与人之间，没有完全相同的，神为我们创造了多么奇妙的世界。

护花使者

神农氏的百草园里长着各种美丽的植物，有玫瑰、牡丹、百合……其中，石榴树、牡丹、无花果树彼此相邻。

一天，神农氏出去采药的时候，百草园里吵翻了天，也不能说是吵架，应该说是一场辩论，辩论的主角就是石榴树、牡丹和无花果树。

"我拥有最美丽的花朵，天下人都对我的艳丽多姿倍加推崇，那些文人墨客更是把我比作富贵牡丹，凡是最高雅的地方，都有我的身姿，世上还为我举办了牡丹花会，过来欣赏的人们对我不吝赞美。这等帝王般的荣耀，众花谁曾享受？"牡丹说完后，如模特走台一般，秀了秀自己的曼妙身姿。

"我是无花果，我的花不漂亮，但是我有美味的果实，我的果实人人喜爱！而你有什么实用价值？你的花可以被人吃？你的果可以入药？严格地说，你真是个没用的东西。"无花果很不屑牡丹这种偶像派，因此口气很是恶劣，也透露出几分自赏，"我叫无花果，这么与众不同的名字，引来了多少人的研究！"

"你们都没有我优秀，我要花，有娇艳的花朵，当我盛放时，有满树红霞；我要果，有酸甜可口的果，当我成熟时，我的果实像包裹在匣子里的珍珠……"石榴最后开口。

哈哈哈哈，荆棘听到他们的争论，忍不住笑了："你们说了半天，都好幼稚，好好笑啊！"

还没等荆棘说完，石榴树、牡丹、无花果齐声说道："你是最没用的那个。"

荆棘笑嘻嘻地说："我不开花，我不结果，这是不争的事实，我也不和你们争辩，但是我有我的价值，我的价值，就是生满锋利的刺保护你们的花不被人摘，你们的果不被人采！"荆棘的一番话，说得石榴树、牡丹、无花果树都安静了下来。

我们渐渐长大，我们的自我意识越来越完善，一个人究竟有何种人格，我们的能力是否被社会认可，都是可以通过与他人的交往、合作体现出来的。所以，通过认识别人来认识自己，是认识自己的重要手段。请记住，任何一个人都是独一无二的，你很优秀，请坚信，天生我材必有用。

三个烟洞

一年暑假，上小学四年级的约尔和父母来到菲律宾度假。慕名来菲律宾游玩的人很多，客店都住满了人。他们费了很大力气才找到一家破旧的小旅馆。就算是这样，也只剩下一个房间了。

"普通住房300美金1日，押金500美金！如有损坏，双倍赔付！"旅馆接待人员很没有礼貌地打着哈欠说话。"每天12点以前退房，超过12点，则另算一天房钱！"

由于找不到更好的酒店，约尔一家人只好无奈地同意了要求。

他们来到房间，一打开房门：烟味儿和发霉的味道扑鼻而来，刺激得人无法忍受。而且看起来很久没洗过的被子也随意地扔在床上，没有人来收拾。

"哇，天啊，好难闻的味道！我快窒息了!"小约尔夸张地做出了窒息死亡的搞怪模样。

"那好吧，我们去请旅馆服务生收拾下房间，顺便喷洒一些香水，要不这个房间没有办法住人了！"爸爸有些尴尬，毕竟为家人提供如此糟糕的居住环境，他作为一家之主难免会有些不好意思。

"对不起，我们酒店的服务生去吃饭了，您可以选择等待或者您可以自己收拾房间。"酒店接待员爱理不理地回答道。

"什么？我们自己收拾，我们来度假，住的是旅馆，不是住在个人家，为什么要我们自己收拾？我们已经很累了，麻烦您快点给我们收拾房间！如果不能，我们宁可退掉房间，出去睡大街！"爸爸很愤怒了，说话的语气也有些不太客气。

"喂，有客人要退房，去查看房间！"酒店接待人员直接要给约尔一家退房，做法很无礼。一会儿，查房人员拎着一块被烫了三个洞的地毯过来了，"抱歉先生，您还不能走，您所住的客房地毯被损坏了，按照要求，需要赔偿！"

"我们都没有进屋，只是在门口看了一眼，凭什么需要我们赔偿！你们这是敲诈!"

"对不起先生，请您赔偿，这块地毯很贵，烫一个洞，一百美金，三个洞，三百美金。"酒店接待人员的脸色变得很难看了，"如果你们不赔偿，我就打电话报警！"

这时，小约尔在旁边说了一句话："一个洞一百元吗？"

"是的，孩子，一个洞一百元!"

听到这句话，小约尔接过地毯，并掏出爸爸兜里的打火机，用打火机把三个洞附近的布全点燃了，这样就变成了一个大洞，"现在，我们只需要赔付一百美金了吧！"

都说没有规矩不能成方圆，考核标准在哪里，人们的行动就在哪里；但是规定是死的，人却是活的。当我们受到不公平待遇时，受到某些从个人角度订立的标准时，适当利用漏洞，可以把自身的不公待遇化为转机。

豆小孩

一对儿一辈子没有孩子的善良老夫妇在厨房剥豆荚，老奶奶感慨说："这一个个圆圆的豆子，要是能变成一个个胖小孩，那我们该有多幸福啊！"她的话被上帝听到，上帝就动了慈心，把这些豆子变成了小孩。这些小孩调皮捣蛋，乱吼乱叫。还有几个豆小孩，也不知道因为什么原因，竟然扭打在一起。

"我受不了了，这些小孩还是变回豆子好一些！"被吵得心烦的老奶奶向天神苦求。于是，这些个豆小孩又都变成了豆子，安安静静地躺在老夫妇的菜篮里。一下子变得这么安静，老夫妇还有些不适应，他们听不到那些吵闹的声音又觉得很孤独。老爷爷就埋怨老奶奶："要是留下一个豆小孩岂不是更好？""其实，还有一个我……"一个躲进老鼠洞的豆小孩扭扭捏捏地走出来，"我可以陪伴着你们！"

老两口一看还有个豆小孩，都乐坏了，他们把这个豆小孩抱在怀里，又给他做了一张温暖的小床，还给他起了个非常好听的名字，豆约翰！

　　有一天，老爷爷希望豆约翰可以陪着他去耕地。来到田里后，豆约翰对老爷爷说："爷爷，你把我放到马的耳朵里，这样我就能指挥马儿耕种了！您也可以休息一会儿！"于是，豆约翰开始指挥马耕田，效率还非常高！

　　几个路过的小偷，看到有一匹马可以在没有人指挥的情况下自己耕种田地，觉得很惊讶，就起了贪心："这匹马非同小可，如果我们把它偷出来，一定可以卖个好价钱。"当他们刚刚准备偷马时，就听见马耳朵里传出了一个声音："快来抓小偷啊，有小偷偷马了！"喊声吓了小偷们一跳，当小偷们发现说话的是一个豆子般大小的小孩儿时，就把豆约翰偷走了。

　　到了晚上，这帮小偷又路过一个财主家，"你从钥匙孔进去，把门打开，好让我们进去偷东西，你最好乖乖听话，否则小命难保！"豆约翰被小偷威胁着去偷东西，当豆约翰走进财主家里，就拼命地大喊，"门口有小偷偷东西啊！"喊声惊醒了正在睡觉的雇工，雇工们拿着镰刀就冲向门口，小偷们吓坏了，纷纷逃命去了！豆约翰呢？则来到仓库，找一个草堆美美地睡了一大觉，醒来后高高兴兴地回家了！

　　智慧是我们为人处世的最大财富，我们无论做什么，都需要用智慧思考，就像我们想做一个有风度的人，就需要我们用智慧来解决学习上的一切困难。还有一点需要我们注意：遇到危险不要慌，随机应变寻找逃脱机会，如果没有机会，就安安静静等待警察的解救，千万不能凭血气之勇干傻事！

塞翁失马

中国古代，有一位很传奇的老人，他就是塞翁。

塞翁，顾名思义，就是生活在边塞的一个老翁。他生性豁达、开朗乐观，看待问题的角度与众不同，总是能够发人深省，令周围邻舍很是敬佩。

一天，塞翁家的马在外出放牧的时候，居然跑到胡人那里去了，被胡人给强留了下来！邻居们听到这个消息，都赶来安慰塞翁："老人家莫要着急上火，一匹马而已，身外之物！急坏了身体可就不值得了！"塞翁听到邻居的安慰，心里很感动："谢谢大家的关心，我没有着急上火，现在觉得丢马是一件坏事，但是未必坏事就不能变成好事，我已经想开了！"果然没过多久，塞翁丢失的马趁着胡人看管不当，自己跑了回来，同时还拐带了一匹胡人的骏马。

"恭喜你啊，老人家，骏马得回，另外还平白无故得到一匹骏马，这真值得庆贺！您先前的预判真是准确，您太有远见了！"塞翁有些不好意思："什么远见啊，就是活了这么多年，

151

很多事情都看开了，大家别看我白得一匹马是好事，也许好事会变坏事也说不定啊！"

这话又让塞翁说准了，塞翁的儿子爱马成痴，看到骏马就想骑乘。当他骑乘胡人的骏马时，由于胡人的骏马野性难除，不好驾驭，他在骑乘过程中掉了下来，摔断了右腿，终身变成了残疾。邻居听到这个可悲的消息，又都来安慰塞翁："老人家，别太伤心！这是我们送给您儿子补身体的补品……"塞翁摆摆手："天有不测风云，人有旦夕祸福。我还是那句老话，也许坏事会变成好事……"

过了一年多的时间，中原和胡人爆发战争，边塞的年轻人都被征去当兵，结果大部分人都丧命在战场上，塞翁的儿子因为残疾，免服兵役，反而留得一条性命！

任何事情都有两面性，就看我们如何驾驭，要知道好与坏，旦夕祸福，在一定条件下是可以转化的！

呆瓜与撒旦

从前有位呆瓜先生，是出了名的脑袋笨，其实他不是真的笨，只是和人接触时，他从来不知道防备别人，人非常的单纯憨厚，所以在那些喜欢捉弄人的人眼里，他就是个呆瓜，大家"呆瓜、呆瓜"的叫习惯了，也就忘记了他本来的名字。

一天，呆瓜先生在田间忙碌了一整天，已经很累很疲乏了，就匆匆忙忙赶回家休息。他一进门，就看到家里的壁炉被点燃了，壁炉燃烧的火柴上面坐着一个小小的黑色魔鬼。

"你是谁？难道是恶魔？"

"我正是恶魔，我就是恶魔之王撒旦。我来这里，是为了你家屋子底下的财宝。"撒旦回答说。

"可是，财宝在我屋里就是我的，我为什么要给你呢？"呆瓜先生有些不理解地说道。

"财宝就归你吧，我也是看到财宝埋在地下无人知晓，时间长了变成废铜烂铁觉得很可惜，才特意来点醒你！不过，让我白白出力，我也不甘心，今后两年，你的田里产出的农作物要归我

153

一半。"

"归你一半就归你一半，"呆瓜先生答应了这桩交易，"但是为了到时候避免出现纠纷，分配时泥土上面的归你，泥土下面的归我！"

撒旦心满意足："我同意，但是如果你敢毁约的话，我会把你的灵魂带到地狱，受到永火的折磨！"

这位呆瓜先生没有因为撒旦的恐吓感到惧怕，他第一年在地里种了土豆，收获季节时，呆瓜先生挖走了土豆，留给撒旦一地土豆秧。撒旦气急败坏："这次算你聪明，让你占了便宜，下次地上的归你，泥土下的归我！""一切听你的！"呆瓜先生回答道。

第二年播种季节，呆瓜先生种了玉米，玉米熟了，他把玉米棒全都摘走，留下了所有的玉米秆和泥土下的根。

撒旦又来了，呆瓜先生对他说："不光地下的根留给你，地上的玉米秆算我送给你的礼物，请不要客气。"撒旦一无所获，还受到呆瓜先生的嘲笑，气得钻进了石头里。

因为了解农作物的生长特点，呆瓜先生用自己丰富的专业知识战胜了撒旦。其实我们要向呆瓜先生学习的东西有很多，大智若愚、观察细致等等，更要学习那种面对危险，坦然应对的态度。有风度的人不是偶尔有风度，而是无论任何环境，都能保持自己的风度，保持绝对的冷静。

被折断的箭

　　蒙古草原的成吉思汗铁木真有几个儿子，这几个儿子个个都像他一样能征善战，跟随成吉思汗征服列国，建立了盛世空前的大蒙古帝国。虽然几个儿子个个英雄了得，但是互相都不服气，彼此之间为了争夺王位，明争暗战丝毫不顾及兄弟情义。

　　成吉思汗看在眼里，痛在心中，他不希望自己的儿子自相残杀。一次他的大儿子要和二儿子比试弓箭，输了的人会被永远驱逐蒙古边境。除了小儿子拖雷试着阻止外，其他几个儿子非但没有阻止，还推波助澜，挑拨大儿子和二儿子之间的关系，让他们进行生死决斗。

　　到了决斗当天，成吉思汗派兵包围了角斗场阻止了决斗进行。他对自己的几个儿子说："我们换一种决斗方式吧，现在谁去把我的箭壶拿来？"小儿子拖雷把成吉思汗的箭壶拿过来，成吉思汗接着说："我知道你们都想要我的王位，可是王位只有一个，今天你们兄弟几人都在，如果一会儿谁能通过我的考验，我就立谁做我的继承人。"

几个儿子都非常兴奋，认为自己能够战胜自己的几个兄弟，都纷纷要求成吉思汗快快出题。

成吉思汗从箭壶中抽出所有的箭，说："我们都知道，这种箭的箭杆很脆，轻轻一折就会被折断。现在，你们几个谁能把这一捆箭折断，我就封他为王位继承人。"几个儿子都兴冲冲地跑过去尝试，可是他们没有一个人可以把这一捆箭都折断。

成吉思汗对他的几个儿子说："你们都看到了吧？平平常常很容易被折断的箭，就因为集合在了一起，我们就没有力量去折断它们。这就像我们的国家，所有的人都团结在一起，我们的国家就是最牢不可破的国家。不要因为争夺王位而失了人心，要知道失道者寡助，当一个亡国之君，没什么光彩的。"

遇到困难险境时，你是要单打独斗，还是团结互助？有风度的你，一定在团体里积累不错的名声了，利用你的好名声去团结大家，靠大家的力量渡过难关，我相信对于你来说应该也是一个不错的体验。

打火匣

　　一个退役的士兵，在森林里遇到了女巫，女巫送给他一个破旧的打火匣和一大袋金币，靠着这一大袋金币，士兵在城里过了很长一段时间富裕生活。可是当他穷得连一根蜡烛都买不起时，当初和他一起过富裕生活的朋友都离他而去。反而是城里的流浪汉们救济了他，士兵就和流浪汉们一起生活，渐渐地士兵觉得和这些流浪汉一起生活也是一件幸福的事。

　　一个寒冷的冬天，冻得浑身发抖的士兵拿出了打火匣，他想靠着打火匣的火光取取暖，去去寒气。当他点燃打火匣时，一只眼睛有茶杯大小的狗出现在他面前："主人，有何吩咐？"奇怪的是，这只狗还会说话。

　　"这是怎么回事？难道我在做梦？如果让我梦见一袋金币我就更开心了！"结果，狗突然间就不见了，一会儿工夫，空气中传出了"咻"的一声，狗儿叼着一大袋金币回来了！

　　哈哈，原来这个打火匣是个能满足人愿望的宝贝啊！现在这个士兵又过起了富裕的生活，但是他是和当初救过他的那些流浪汉一起生活，因为士兵知道，这些流浪汉是他的救命恩人，他要报答他们。

士兵突然变富有的事情，被越来越多的人知道，消息越传越广，越传越离谱，传到后来居然变成了士兵挖掘到了巨龙的宝藏，获得了富可敌国的金银财宝。

贪婪的国王听到消息后，决定要把这笔财宝据为己有。他派军队把士兵抓到衙门，在衙门里诬陷士兵挖了前代国王的坟墓，盗出了前代国王的陪葬品。要把士兵所有的财富充公，并杀死士兵。

行刑当天，所有的老百姓们都来看这个盗墓贼，其实大家都知道士兵是被冤枉的，因为贪婪的国王已经用同样的借口杀害了很多富人了。当士兵的头被套入绞刑架的时候，士兵提出一个条件，他想抽一根烟。

国王想了想，为了在自己的臣民面前显示自己的大度和仁慈，就满足了士兵临刑前的愿望。士兵取出了打火匣，点燃了火，这时三只狗突然跳了出来，"快救我出去。"士兵说。三只狗向国王扑去，国王吓得逃跑了，士兵呢，他不但获救了，还在百姓的拥戴下，成为新的国王。

神奇宝贝，只会出现在电视上、故事书中。生活中会存在神奇宝贝吗？会的，只要我们用心，就能找到解决问题的"神奇宝贝"。

找不着北

他曾是中国某校的尖子学生，但是步入社会后，他反而迷失了自我。这是他一年中失去的第八份工作！

他拥有英语六级证书，第一家公司是一家外企，要求员工工作时间内用英语对话，但是他因为口语不过关而失去了工作。他是电脑二级程序员，可是第二家公司要他去做文案工作，结果嫌弃他打字速度太慢，他失去了第二份工作。在第三家公司，他与领导不和，愤然炒了老板。第四份工作，他嫌弃工资太低。第五份、第六份……

失意时，他找到了大学时期最好的朋友诉苦，他对朋友大诉苦水："我失败了一次又一次，我浪费了一年时间……想当年，我在学校时是何等的意气风发，总觉得世界上任何事情都难不倒我。可是哪知道入了社会却……"

朋友静静地听着他的倾诉，当他把自己的压力完全倾吐出来，朋友这才接口说话："我也不知道该怎么开导你，你也不需要我的开导，只是你自己一时想不开而已！"

他很烦恼地说："我就是想不开，为什么我就这么倒霉，什么样的人都让我碰到，什么样的事情都让我遇到。"说着说着，他委屈地哭了！

朋友等他心情稍微有些平静时才开始说话："我讲一个故事给你听吧！从前有一个莽撞的探险家，他要出发去北极探险。走时他对自己的妻子说，等我回来时要给你看我在北极拍的北极熊照片。可是等他回来时，他给妻子展示的却是企鹅的照片。妻子问他怎么回事。他说，我带的是指南针，我找不到北，走着走着，我就到了南极了！企鹅也很可爱吧！"

"哈哈哈哈！"听完朋友讲的故事，他笑了起来："这个笨蛋，他难道不知道吗？指南针指的相反方向不就是北吗？他转过身就可以走到北极的！"

朋友接口了："是啊，他只要转过身去，就能找到正确方向，确保成功。那么当我们面对失败时，我们也转过身去，面对的，不就是成功吗？"

朋友不大的声音，振聋发聩，他如顿悟一般，彻底懂得了失败的宝贵。

我们常常犯这样一个错误，那就是遇到困境时，总是把责任推出去，或者被困难击倒。身为顶天立地的大男孩，我们也可以把责任担起来，并换位思考一下，虽然困难重重，我到底该怎么办？成为一个优秀的领袖吧！你是一个有风度、有领导力的男孩！

谁偷了我的手帕

　　一列绿皮车上，挤满了旅客。一张能坐三个人的椅子上，坐了5个人，一位绅士和一位衣着破烂的背包客挤在一起。

　　由于车上太挤了，背包客为了让身边的老人坐得舒服一些，就往里挤了挤。"离我稍微远点，你的脏手碰到我的衣服了！"绅士大叫道。"对不起，先生！"背包客礼貌地对绅士说。

　　过了一会儿，背包客为了让坐在旁边的老人能够站起来去卫生间，就又向绅士那边挤了挤！绅士又叫道："你的腿也远点儿，你的脏裤子会把我漂亮的靴子弄脏！"背包客忍无可忍："对不起先生，我会注意的。"当老人回到座位，为了能让老人不受到拥挤，也为了离这位绅士远一些，背包客就离开了座位，站到了车厢连接处。绅士见背包客走了，就想往背包客空出来的座位上挪挪，但是一看到座位上有些灰尘，就想擦干净再挪过去坐。

　　"这人真脏，绿皮车居然让这样的人上了车，真是无法想象，以后我再也不坐绿皮车了，还是坐飞机舒适！咦？我的手帕呢？"绅士翻遍了外套的所有口袋也没有找到手帕。他大叫了起来："我的手帕不见了，那可是中国苏绣的！准是背包客偷走了！"

绅士气冲冲地找到背包客："你这个可恶的小偷，偷东西居然偷到我身上来了！快把手帕还给我！"

背包客一脸茫然："先生，我想你是弄错了，我并没有拿您的手帕，而且我拿它也没有用处啊！"

绅士大叫道："我没弄错，刚才你坐在我的身边，还一直往我身上靠，准是那时，你动的手脚！"

"那是因为座位太挤了，我想让我身边的老人不被挤到，才往你身边靠了靠，这也不能说明你丢了的手帕就是我偷的！"

绅士和背包客的争吵吸引了很多乘客的注意力，也引来了列车员。

列车员走了过来："二位先生，请出示一下火车票，谢谢配合！"

背包客拿出了车票，绅士呢，伸手掏向自己的裤袋，当他把手伸入裤袋时，明显的愣了一下，他掏出了一条苏绣手帕和一张车票！他的手帕没有丢！

列车员走后，绅士有些不好意思地向背包客道歉："对不起，我错怪你了！我忘记当初在上车的时候，由于怕弄脏车票，我把车票用手帕包好，放到裤袋里。"

背包客压下了心底的怒火，接受了绅士的道歉，他说道："没关系，刚才我一直认为您是一位绅士！而您则认为我是一个小偷！事实证明，您不是一位绅士，我不是一名小偷，我们都错了！"

遇到问题时，一定要让自己冷静下来，而且要保持自己的风度，试着把事情办得既干净又漂亮吧！

心中的天平

卡内基是美国著名的钢铁大王，当他年轻没有获得成功时，他是一家铁路公司的电报员。

某个假日，当所有员工都在家享受周末的时候，轮到卡内基值班了。只有卡内基独自一个人在公司值班，一个上午都没有任何电报发过来。也许今天会是个悠闲的日子，当卡内基这样想时，电报机滴滴答答地发出来一条紧急电报，当卡内基用密码本把内容翻译过来后，吓得从椅子上跳了起来。

这条电报上只有短短的几行字，但是字字触目惊心，上面写的是：20英里远的铁路上，一列载满军火的车头出轨，请求公司通知各班次列车改换轨道，避免发生惨剧。

卡内基拿着这条电报暗暗着急，不知道该怎么办。因为有权力下达命令的上司已经去湖边度周末了，卡内基根本不可能找得到他。如果以卡内基自己的名义发表电报，又无法让列车服从命令。时间一分一秒地流逝，卡内基翻看着列车时刻表，从列车时刻表上，卡内基清楚地知道，有一班载满游客的列车正驶向事发

163

地点。

为了避免险情，也为了列车上旅客的安全，卡内基一咬牙，坐在椅子上敲起了电报。他冒用上司的名义下达了让列车司机更改轨道的命令，避免了一场可能出现的意外事件。

按照当时铁路公司的制度，电报员如果冒充上司发送命令，会被当场辞退，没有任何缓和余地。于是在第二天上班时，卡内基就写好了辞呈放在上司的办公桌上。

看完卡内基的辞职信后，上司当着卡内基的面把它撕掉。上司拍拍卡内基的肩膀说："你做得非常好，如果让你这种立了大功的人离开，会是我们铁路公司的大损失。我命令你留下来，继续为铁路公司服务。你要牢记，这个世界上有两种人不会进步：一种是不肯服从命令的人；另一种就是只知听命，不会思考的人，万幸你不是这两种人中的一种！我看好你！"

当遇到困境时，一味反抗、不服从命令，显然不是我们这种有风度的人该做的，但是只听命令，又不去思考，也难以确保就一定会成功。作为一个有风度的男孩，学会运用心中的天平，在两者之间取得平衡并获取成功！

聪明的华盛顿

在美国独立战争时期，美国军队与英国军队隔湖相望，战争一触即发。

美国陆军司令华盛顿独自骑马到湖边的一片森林里侦察敌情。突然间，华盛顿勒住了马，原来他听到湖边传来了一阵阵呼救声。

原来是一位不会游泳的士兵在巡逻时不小心掉进了水里，他正往河中心漂移，距离岸边已经20米远。岸上有两位士兵已经吓坏了，除了叫喊，他们什么都不能做，因为他们也不会游泳。

策马来到湖边的华盛顿问岸上的士兵："他会游泳吗？"

"他不会游泳，只能尽量保持不下沉，现在漂移到河中心，更不敢动弹了！"一个士兵回答说。

华盛顿跳下马来，抽出随身佩戴的手枪，并朝着落水的方向开了两枪，并大声呼喊："你往河中心游什么？快游回来，否则我枪毙你！"

落水的士兵，听到了枪声，又听到了岸上华盛顿充满威胁的话，猛地转回身，拼命划着，很快就到了岸边。

落水士兵得救了，这时他们才发现，站在他们身边的居然是陆军司令华盛顿，几个士兵连忙向华盛顿敬礼，华盛顿乐呵呵地回礼："刚才恨死我了吧？居然向一个落水的人开枪。"

落水的士兵呵呵一笑，脸上有些不好意思："司令大人，我真的不是很清楚，当时我都快要淹死了，您居然还想要枪毙我？您不知道，您发射的那两颗子弹，差点儿打中了我！"

华盛顿说："如果我不吓唬你，你会漂到河中心去，那里水非常深，弄不好你会被淹死。就算你漂到对岸，对面是英国人的部队，他们抓到你后，你也不会有好下场！而我们这边的这些人哪个能下水救你啊？经过这一吓，你不就自己回来了吗？"

听华盛顿一说，士兵们这才知道错怪华盛顿了，都不好意思地笑了起来。

几个士兵都不会游泳，华盛顿突发奇想的"威胁法"，让落水士兵自己游了回来。当我们遇到危险或者困境时，记得换个角度思考问题，逆向思维也许能更好地解决问题。

生病的狮子

　　森林之王狮子年老体衰，已经时日不长了。有一天，狮子的御前侍卫灰狼通知天下所有的动物，"大王最近思念他的臣民，希望大家能去看望他。"

　　当动物们纷纷来到狮子所居住的洞口时，就听到了狮子发出的呻吟声。"我们的大王非常痛苦，我们进去探望他吧。"说完，小兔子进去了、小猪进去了、梅花鹿也进去了。

　　每天来探望狮子的动物络绎不绝，当狮子大王召集所有小动物看望他的消息传到狐狸的耳朵里后，狐狸也来看望狮子大王。当狐狸听到洞里面狮子大王的呻吟声时，他却犹豫着没有进去。灰狼就催促狐狸进去，而狐狸呢？只是在洞口盘旋，说什么也不往洞里面走。与狐狸同来的一些小动物看到狐狸堵在洞口前，也不进去，也不退下来，就十分惊奇："狐狸兄弟，你为什么不进去探望狮子大王啊！"

　　狐狸笑着说："我也十分想见狮子大王，但是我看到地上动物们留下的脚印，只有进去的，没有出来的，恐怕那些进去看望大王的，都已经成为狮子大王的盘中餐，我是为我的生命着想啊！"小动物们恍然大悟，纷纷逃离开来。

而狮子呢？由于没有吃食，就饿死在洞里了。

当我们遇到不明情况时，不要贸然前进，留心是否有危险存在，也许危险就藏在坏人的甜言蜜语中。学会辨别危险，使自己脱离危险的环境，需要我们时刻保持一颗清醒的头脑，以退为进，并不丢人。

挫折的礼物

几千年前，上帝创造天地和宇宙万物之后，和人类一起生活在地面上。在上帝的呵护下，人类过着幸福快乐的日子。但是人类被惯坏了，他们懒惰了，也不知道勤奋是什么意思了！靠着小聪明来过日子。渐渐地，人们越来越骄傲，觉得自己懂得越来越多，觉得上帝没什么了不起，自己完全超过了上帝。

有一天，他们怂恿一个农夫来找上帝，对他说："我的神啊，你创造了宇宙万物，世界上所有的一切都是借着你的手所造的，你无所不在，无所不能。但是你毕竟不是农夫，有些地里的庄稼事，你可能一窍不通。看来，我得教你点东西。"

上帝慈爱地看着他，不因为农夫的无理而迁怒于他，反而偷偷地笑了："我的孩子，你在地上行走，有些什么事情，你来告诉我吧。"

农夫说："上帝啊，就请您给我一年的时间，只要这一年的时间！在这一年里，求你按照我所说所想的去做，您就会发现，这地上将会发生您所不曾看见的情景。那时再不会有贫穷和饥饿。"

在这一年里，只要农夫有所求、有所请，上帝都满足了他。农夫不想要糟糕的天气，这一年果然没有狂风暴雨，没有电闪雷鸣，一丝对庄稼有危害的自然灾害都没有发生。

当农夫觉得庄稼日照时间少了，该出太阳了，这太阳就会立刻从东方升起、阳光普照；要是觉得地有些干旱、该下点雨了，就会有滋润的细雨滴落下来，直到农夫满意，小雨才会停下来。

这一年的风调雨顺，让人欣喜若狂，小麦的长势是以前从没有见过的好、特别喜人。

这一天，是一年时间的最后一天！农夫看到麦子长势喜人，就又到上帝那儿去了，对上帝说："我全能的主，如果可行，只要您再给我10年时间，就能产出足够世界上所有人吃一辈子的粮食，我们就可以安逸地享受幸福的生活了！"

然而，等农夫和这些聪明人准备收割小麦的时候，却发现麦穗里什么都没有。这些长得那么好的麦子，竟然没有结出籽粒。他们感到疑惑不解，就差遣农夫去询问上帝："上帝呀，这究竟是怎么一回事？为什么我们种了一年的粮食，没有结下一个籽粒？"

"我的孩子，这些小麦过得太安逸了，没有任何暴风骤雨的砥砺、打击是不行的。这一年里，它们过得太风调雨顺了，看着长得确实令人喜爱。但是你没有想过，你虽然帮它们避免了一切伤害，麦穗里却什么都结不出来。小麦也时不时需要些挫折的，我的孩子。"

人生旅途中，坎坷与挫折是不可避免的，而正是这种挫折与磨难，历练出了我们坚韧不拔的性格，也历练出了我们人生的美丽。一个有风度的男生，绝对不是温室里的花朵，而应该是凌霜傲雪的青松。所以，让我们从温室中离开，任凭自己在风雨中飘摇。让试炼来的更猛烈些吧！

从矮子到巨人

迈克尔·乔丹出生在美国纽约布鲁克林区的一个黑人家庭里。小的时候他学习很不错，也很乖巧，但是长得非常瘦弱，经常被人欺负，还得哥哥姐姐保护他。为此他的伙伴们总是嘲笑他像一个女孩子，不愿意和他一起玩儿。小乔丹虽然嘴上不说，心里却也很难过。

在他8岁的生日宴会上，小乔丹收到了父母送的一个生日礼包，打开一看是一个篮球。"我和你的母亲希望你能多参加体育运动，把身体锻炼得很强壮，就像一个真正的男子汉一样。"爸爸笑着鼓励小乔丹。

虽然对于一个8岁的瘦小孩子来说，篮球实在是太大了，可是没想到，小乔丹痴迷地爱上了这个大家伙，早上练、中午练、晚上还练，他把所用的精力都用在练球上。自那以后他的学习成绩有所下降，老师看在眼里，急在心里，劝了小乔丹很多回，让他放弃篮球，可小乔丹就是不听劝。从此在老师眼里他成了一个不听话、不爱学习的坏孩子。

虽然他这样努力地练球，但是他的个子太矮了，伙伴们也不带他玩。于是小乔丹每天一个人练球，每逢篮球比赛，他都要去看，看他们是怎么打，教练是怎么安排战术的。

时间飞逝，昔日的小男孩已经上高中了，有一天，小乔丹对高中篮球教练说："求求您，让我打校内比赛吧，让我当替补也行……"教练看了看他的个头和身材，摇了摇头，说："抱歉，我的孩子，你太矮了，我不能让你参加篮球队的正式比赛。"

小乔丹乞求教练给他机会，哪怕替别人捡球他也愿意。终于他感动了教练，留他在校篮球队里打杂、练球。

小乔丹练球练得很刻苦，累了就躺在球场睡下，饿了啃一块面包……

凭着执着，他就这样每天勤奋地练球。

渐渐地，他的篮球水平提高了；个头也在渐渐长高。

他也逐渐得到了教练的重视。虽然还无法上场比赛，但是他已经是队伍中不可或缺的一员了。

他用他的努力打动了教练；他用他的勤奋感染了队友；他用他的拼搏战胜了他的对手。

几年后，当人们看到一个堪比神一样存在的篮球巨星时，看到他在篮球场上自如地统治比赛时，当他带领着他的公牛队叱咤整个NBA赛场，夺取一个又一个冠军头衔时，谁能想到，身高近2米、弹跳惊人的他曾是一个小矮子，曾不被任何人看好。

我们这些篮球迷们，想象不到篮球之神乔丹还有这样的经历吧！正是这种经历，培养了他不服输的性格，历练了他的意志，所以遇到挫折并不可怕，可怕的是我们就这样颓靡下去。让我们振奋起来吧！

巨大的石头

　　李员外家的后花园里，静静地躺着一块青石，长宽各两尺左右，高半尺左右，每次有人来后花园游玩，一不小心总会被石头弄伤，不是绊倒人，就是踢破脚。

　　一次，在后花园读书的李家公子无意中绊倒在青石上，不但磕破了手脚，还弄脏了正在温习的书。

　　有些疼痛的李公子问刚刚听到响动跑过来的李员外："父亲大人，这块大青石放在这里既不美观，又阻人道路，为何我们不把它扔掉呢？"

　　李员外无奈地说："要说这块石头，那可是有年头了，在我父亲那辈，它就在这里，它的体积太过于庞大，把它挖出来扔掉，一定是一个巨大的工程，如果有挖石头的人力财力，倒不如我们绕开它行走，多走几步就当锻炼身体了。"

　　又过了好些年，当初的李公子已经建功立业，娶妻生子，成为了父亲。而那块大青石依然静卧在那里，人见人躲。

　　有一天，李员外的儿媳妇无意中也碰到了脚，她又急又怒又委屈地和李员外说："父亲大人，这块大石头既丑陋又碍事，我们雇人把它挖出来扔掉吧，它已经绊倒过我很多次了！"

李员外摇摇头："还是算了吧，我小时候这块石头就在这里，如果好挖，我父亲那辈就把它挖走了，一定是不好挖才留到现在，我们也别去动它，你多留点心，绕着它走就没事了！"

儿媳妇心里面很委屈，因为她已经被绊倒很多次了，摔倒的是她本人还好，家里的孩子还小，万一也不小心碰到这块大青石，那可就危险了。

想到害怕处，儿媳妇下定了决心，就算父亲不管，她也要把石头挖走。她就去仓房找来了一把镐头，吃力地把大青石的四周土壤搅松。她做好了心理准备，为了不让小儿子绊倒，就是两天两夜，也要把石头挖走。可是令人意想不到的是，用不了几分钟，她就把这块石头挖了起来。她细细看了看大小，也没有李员外所说的那么大，所有人都被它的外表所蒙蔽了！

我们仔细想想这些年所遇到的一切，有时候会很好笑地发现，阻碍我们进步的，仅仅是我们心理上的障碍和思想上的"我不行"。有风度的你，不能老是说："我不行"。首先试着改变自己的心态吧，在成为一个有风度的绅士之前，首先成为一名生活中的勇士吧！

兄弟经商

　　华西村头，有一个小商铺，里面卖一些油盐酱醋、烟酒糖茶的日杂用品，是村里的一对孤儿兄弟开设的。可是，一个村子里的人家毕竟有限，他们的生意也是惨淡经营，勉强糊口而已。

　　有一年春天，弟弟忍不住对哥哥说道："哥哥，附近这十里八村的就这些人家，每天买的东西十分有限，我们也没什么发财的途径，不如我们离开这里，到远一点儿的地方去做生意，您觉得怎么样？"哥哥有些犹豫："其实，我们在这里清苦一些也还是不错的，毕竟周围就我们一家做生意的，没有竞争，万一我们去的地方，反而不如这里怎么办呢？"但是，哥哥最终也没有拗过弟弟，只好带上各种各样的货物，和弟弟一起出发了。他们艰难地渡过了河，又爬上了山。站在一座山上，"看哪，哥哥！远处好像有很多的人，那里好像在赶集，人来人往熙熙攘攘地好不热闹！你看那边的烟筒，一根根的数不清，一看就有很多人家。我们去那边做买卖吧！"

　　弟弟和哥哥爬了一个又一个山头，还没有到达他们要去的地

177

方，哥哥又热又累，一屁股坐在地上，喘着粗气对汗流浃背的弟弟说："我们还是不要去这个鬼地方了，天气这么热，路还这么远……"弟弟擦了擦脸上的汗，笑着对哥哥说："哥哥，现在反而更加坚定我要去那里的信心了！我想的和你完全相反。"

"怎么？你疯了吗？还希望这路再长些，天更热些，山更高些吗？"哥哥已经语无伦次了。弟弟笑呵呵地说道："要真是这样，那就太好了！"说完，更是神经兮兮地哈哈大笑。

"弟弟，你不会是热糊涂了吧？快到树下凉快一下，别说胡话了！"

弟弟说："我没病，我现在清醒得很。你想，如果山很高，天很热，其他做生意的就会望而却步，如果我们能走到那里去，岂不是赚得更多？"

哥哥听后，觉得很有道理，坚持着跟弟弟继续前行。

在我们学习和生活当中，会遇到很多很多看起来很难的事情，但是我们要知道这些难题背后隐藏着许多机遇等着你去发现。去别人不愿涉足的领域寻找出路，也许就会发现一条阳光大道。所以当我们遇到困难时，不要惧怕，迎着困难，勇敢地前行吧！

神的烦心事

一个探险家，顶着炎炎夏日，独自来到撒哈拉沙漠探险，已经在沙漠里独自生活一个月的他，喝干了带去的所有的水，已经两天没有找到水源了。他又累又渴，身体已经到达崩溃的极限。这时，他发现了一片绿洲，那里的一棵树下，有一口水井。他如同获得救命仙丹一样，冲过去捧了一捧清凉的井水喝。当水进入他的身体，他感觉那样的美妙，那样的沉醉，徐徐的微风拂过，大树刷刷轻响，树荫下是那样的清爽。太过劳累的探险家，在树下铺了一张席子，就在树荫下井水边沉沉地睡了过去。

"唉！"从天上传来了一声说不出的叹息，是掌管命运的命运之神。这个探险家现在非常危险，因为他边上的水井是一口深水井，非常的深，如果他睡觉时一翻身，就可能掉进井里淹死。命运之神感慨说："人呐，你当让我把你怎样？在你饥渴劳累时，是我把你引到井水边，可是我从你的嘴里、心里没有看到对神的一丝感激，没有一丝对我的敬畏。但是如果你翻进水井死掉了，那些爱你的人们又会说我远离了他们，没有照顾他们！"

179

　　命运之神刚要从天降下警示，把探险家叫醒，就在这时，探险家一个翻身就掉进了井里。"天啊，我究竟做错了什么事？命运之神，你为何把我带到如此困境？这样苦待我对你有什么益处呢？"探险家在掉进井里时绝望地大叫。

　　"为何不想想，是你自己睡倒在水井边的，你自己的罪过，为何怨到我的身上？给你点儿惩罚，好好清醒下！"说完，命运之神在井里升起一块大石头，让探险家抓住，而命运之神就回到自己的宫殿里，不再去管这个探险家了。足足过了一天，才有过路人把他从井里救起来！

　　有一个笑话，是说香港警署，所有警察早晨必向关公上香："保佑我们多抓坏人！"而黑道人士早晨上香则说："保佑我们不被抓到！"而关老爷每天都在纠结："我到底要保佑谁呢？"其实，我们都会遭遇些挫折，事后细想，大多是因为自己的疏忽大意。与其一遇挫折就怨天尤人，莫不如感谢上天，给我们一个吸取教训的机会。

会拐弯的眼光

老李一家来到南方城市，用打拼了半辈子的钱，在临近街道处开了一家文化用品商店。他选择的位置很不错，左边是市直属机关单位，右边是三所高校和一所大学。每天他都能卖出大批的办公用纸和各种笔记本。生意可以说是非常兴隆。

可是，夏天的南方多雨潮湿，一场暴雨能把街道淹没。很不幸，老李的店由于就靠着道边，没过街道的雨水进入店里，许多包纸制品被泡烂了，老李赔进了自己所有的资金。可是老李没有灰心丧气，收拾好店内的残局，转过天，雨停的时候，他又托关系借来了一笔钱，进了一批纸制品。但是，天有不测风云，几天之后，一场更大的雨又降到了老李所在的城市，又一次没过他所在的街道，他的货又一次泡烂在水里。

当老李的爱人一边掉着眼泪，一边从水里抢救那些纸制品时，老李沉着脸，默默无言地推开店门，冲入了雨中。过了半个月，老李的门店出兑了，所有人都觉得这次打击会让老李一蹶不振。可又过了一个月，老李在这条街道的另一个地方重新开业了。他还是开的文化用品商店，经销的还是各种纸制品。周围的商户都笑老李疯了，脑袋被雨水浇坏了。也有人笑话他是个不倒翁，总在一个地方倒下去，又在同一个地方站起来。第二年的夏季转眼就到来了，雨季的降雨量比上一年还要高出去很多。可是，所有的业主都发现一个现象，那就是这条街所有的店铺都遭受了很大的水灾，有几家文化用品店都被迫倒闭，只有老李的店安然无恙。并且由于只有他一家店正常营业，他的销售额一下子翻了很多倍。不但还清了欠款，还有所剩余。

原来，那天他冲出店门确实很灰心，但是，他只是懊恼自己没有选择一个地势更高的地方。对经营风险的估计失败。在大雨中，他逆着水流方向寻找，走遍了整条街，终于发现了地势最高、不会被雨水淹到的地方，他花高价把这处门面租了下来。正是这个雨水浸入不了的宝地，使他东山再起。

这堂课，我们说的还是遇到挫折时，我们该怎么做。前面的故事已给我们很好的启示。不退缩，不气馁。转换思维迎难而上。我们男孩子要有一股韧劲，越是困难时刻，越要看到你的刚强。

重获新生的鹰

自古有一种传说，传说在鸟类中最长寿的是老鹰，一般都可以活到70岁。一天，猫头鹰小姐有幸采访到了一只已经活到68岁的老鹰，请他和电视机前的鸟类朋友们分享自己的长寿秘诀，"哪有什么长寿秘诀，只是我在40岁的时候挣脱了死神的魔爪，又多活了些年岁而已。"老鹰说这句话时，眼睛里写满了沧桑与恐惧。

"哦？难道说您是重生在世的？"猫头鹰小姐好奇地问。

"如果你知道我的遭遇，你会发现，我真的是重生一般！"老鹰不无感慨地说。"当我40岁的时候，我的爪子已经开始老化了，我的嘴变得又长又弯，我的翅膀变得越来越沉重。我无法像年轻时，轻松地把猎物抓到天空中去。那时，我除了死亡，就必须经历蜕变，必须经历一个与死神共舞的蜕变和更新，这样，我才能如凤凰浴火般重获新生。"

"您又一次提到了死神！"

"是的，在那150天的漫长锤炼过程中，我多次遇见死神。

那时，我必须努力地飞到云端上的山顶，在悬崖的顶端筑巢，然后躲在巢内不能出来！我每天都用自己的嘴击打岩石，直到它完全脱落下去，长出新的嘴。然后，我用嘴撕下老化的指甲，又撕掉老旧沉重的羽毛，5个月后，新的指甲和羽毛都长出来时，我重新飞到空中，获得新生！这就是我又能多活30年的秘诀！"

　　我们男孩子的一生中，就应该有这种勇气和魄力。一个有风度的男孩，更应该具备百折不挠、能屈能伸的精神。失败是成功之母，我们这些从小被父母宠爱的孩子，思想观念和精神生活，真需要几次痛苦而又重要的再生。

克尔，hold住

　　《星球日报》新来了一位广告业务员，他就是克尔，一个对自己充满信心的小伙子。应聘的时候，他对社长说，他可以不要工资，只要每个月能正常给他广告费的抽成就好了。对于这种要求，社长当然是求之不得。

　　克尔第一天来上班时，就整理出了一份名单，名单上都是一些极其特殊的客户，所有和他们谈过业务的业务员都说，与他们合作是万不可能的。

　　在去拜访名单上的客户之前，克尔把自己关进卫生间，他微笑着站在镜子前，默默地把名单上的人名都背了下来，然后大声对自己喊道："hold住，克尔，月底之前，他们都会是你的广告客户。他们都会向你购买广告版面的。"

　　他就像上战场的将军一样，充满气势和必胜信心去拜访客户。"好的，就这么说定了！"随着一个客户同意购买广告版面，第一天，克尔搞定了20个"不可能"中的3个。第三天，他又敲定了2笔广告买卖。当月底到来时，这20个顾客中，只有一位还在坚持自己的立场，不买克尔的广告。看着这样的成绩单，公司上下目瞪口呆，纷纷表示钦佩，只有克尔不满足。因为还有一个目标没有达成。

第二个月，克尔憋足了劲，就是去没有买他广告的商店拜访，每天只要商店一开门，他就进去请这个商人做广告。而这位商人，每天都是摇摇头说一声"不"。然而每天克尔还是会准时去拜访这位商人。直到这个月的最后一天，这位商人奇怪地说："我很想知道，是什么动力支持你一直来到我这里，遭受拒绝！"

克尔想了想，平静地说："我把到你这里来当成上课，而你是我的教授，我一直在训练自己在挫折中逆行的精神。"那位商人表示赞同："我也在上学，老师就是你。你已经教会了我坚持到底这一课。这是无法用金钱衡量的。所以我买你一个广告版面，当作我对你的感谢！"

被拒绝并不可怕，保持你的风度，微笑面对。你要知道，只要我们没有失去信心，只要我们再咬咬牙，坚持一阵，胜利就离我们不远了。

我在幽谷，却在攀爬

一位失魂落魄的中年妇女在路上毫无目的地走着，她没有看路，好几次都差点儿撞到行人。明眼人只要一打眼，就可以看出她心事重重，已经到了精神崩溃的边缘。

"嘿，你撞到我了！"这位中年妇女茫然间撞在了一个怀里抱满物品的年轻小伙子身上，物品洒满了一地。"对不起，对不起，我在想事情，没看到你！"妇女连忙帮小伙子拣拾东西。

"被撞是没关系，不过现在我觉得我和你有关系了。我是一名心理医生，直觉告诉我，我能帮到你。"年轻人看着中年妇女，慢条斯理地说。

"是的，你能帮到我。"

一间咖啡厅里，妇女和心理医生对面而坐。"我是一个学生的母亲，我很为我孩子的功课烦恼，他的成绩太糟糕了！"

医生问道："为什么不让孩子自己操心自己的功课呢？"

"因为没有比他更笨的了，他们班级有30个孩子，他考试考了第30名。这简直让我感到羞愧。"

"不，你没必要羞愧，反而应该觉得轻松才是。"

"轻松？怎么可能呢？"

"怎么不可能呢？你仔细想想，他再退步，也不会考到31名啊，相反，只要他每前进一点儿，都是进步。"医生说得这位母亲露出了笑脸。

"如果我们以爬山作为比喻，你的孩子现在就在幽谷，他唯一的出路就是攀爬上去，这时候他需要你们的陪伴、鼓励，只要你相信，他就一定能从幽谷里爬出来。"

过了一段时间，这位母亲打电话给心理医生，电话中充满了兴奋和喜悦，因为她的孩子成绩进步了。

人生有山峰，就必有幽谷。当我们身处幽谷时，不要停下攀爬的动作。我们还年轻，没有什么输不起的，只要我们的心还在，我们的未来就不是梦。

千金孔雀

迟驰国的国王痴迷于艺术，热衷于收藏名画，他卧室里挂满了名人墨宝，供他赏玩。

有一次，他听说有一位擅长画水墨画的丹青大家来到他的国家定居，顿时喜出望外：如果这位大师肯为自己作一幅画，供自己揣摩，不是人生一大快事吗？于是，他就专程去拜访这位画家。

"大师，小王这厢有礼了！"在对待艺术家时，国王是一点儿架子也没有的，这充分表达了自己对这位大师艺术的肯定和对艺术本身的尊重。"我到这里来，就是希望大师能为小王画一只孔雀，不知道大师能否满足小王的愿望。"

大师想了想，说："你一年以后再来吧，我需要做些准备。"

国王日盼夜盼，朝思暮想，这一年的时间终于熬了过去。这天，国王沐浴更衣之后，来到了大师家里。

"大师，我向您求的那副孔雀图，不知道已经画到哪一步了？什么时候可以完工？"国王一进门，就急切地求问大师。

"我还没有动笔，就等陛下来时，请陛下亲眼目睹我作画。请陛下稍等片刻，我马上就会把它画好。"大师说完，平铺在桌上一张宣纸，屏气凝神、刷刷点点，不一会儿功夫就画出了一只美丽逼真的孔雀。国王看在眼里，美在心里，觉得这幅画，是自己生平所见最好的一幅画。但是一问售价，却把国王吓了一跳。这幅画，大师要卖3000两黄金，这个售价确实有些过高，要知道，一个老百姓辛苦工作3年才能赚到10两黄金。国王听后很不高兴："大师，就这么一会儿的功夫，您轻而易举就把它画成了，怎么卖如此高的价钱呢？"

"呵呵，陛下不要着急，你随我到另一间屋子一看，就会明白我为何定如此高的价钱了！"

大师领着国王来到了他另一间画室，宽敞的房间里面堆满了卷轴，随便打开一看，都是画孔雀的。大师说："这个价钱十分公道，也许在你眼里轻而易举的事情，却需要我花费大量时间精力，刚才用短短时间画出孔雀，我却准备了一年的时间！"

不积跬步，无以至千里。这世界上没有一蹴而就的事情。天底下没有免费的午餐，所以，想要有好风度的我们要端正学习心态，努力出发啦！